U0959605

编 委 会

顾　　问　Murray Stein　Thomas Kirsch
John Beebe　Paul Kugler
Joe Cambray

主　　编　申荷永

副 主 编　杨韶刚　冯　川　王浩威　高　岚

主编助理　徐维东　张　敏　陈　侃　杨登乐

编　　委　成　穷　吴和鸣　朱彩方　范红霞
李孟潮　蔡成后

荣格精选集
C. G. JUNG

哲学树

[瑞士] C.G.荣格 著 杨韶刚 译

译林出版社

图书在版编目（CIP）数据

哲学树 / （瑞士）C.G.荣格（C. G. Jung）著 ; 杨韶刚译. -- 南京 : 译林出版社, 2025. 9. --（荣格精选集 / 申荷永主编）. -- ISBN 978-7-5753-0384-2

Ⅰ. B84-065

中国国家版本馆CIP数据核字第2024XM4388号

Collected Works of Carl Gustav Jung
Simplified Chinese language edition arranged through Stiftung der Werke von C.G.Jung c/o Paul & Peter Fritz AG, Literary Agency
Simplified Chinese translation copyright © 2025 by Yilin Press, Ltd
All rights reserved.

著作权合同登记号　图字: 10-2012-30 号

哲学树［瑞士］C. G. 荣格 / 著　杨韶刚 / 译

责任编辑　王瑞琪
特约编辑　韩　萌
装帧设计　胡　苨
校　　对　季林巧
责任印制　董　虎

出版发行　译林出版社
地　　址　南京市湖南路 1 号 A 楼
邮　　箱　yilin@yilin.com
网　　址　www.yilin.com
市场热线　025-86633278
排　　版　南京展望文化发展有限公司
印　　刷　江苏凤凰通达印刷有限公司
开　　本　880 毫米 ×1240 毫米　1/32
印　　张　5
插　　页　18
版　　次　2025 年 9 月第 1 版
印　　次　2025 年 9 月第 1 次印刷
书　　号　ISBN 978-7-5753-0384-2
定　　价　46.00 元

版权所有 · 侵权必究

译林版图书若有印装错误可向出版社调换。质量热线：025-83658316

出版说明

“荣格精选集”简体中文版由瑞士苏黎世荣格作品基金会授权译林出版社出版。译本以20卷的瓦尔特出版社德文版和普林斯顿大学出版社英文版为底本，由申荷永教授精选其中关键篇目，并组织专业译者进行译介，意在向广大读者介绍荣格分析心理学的要旨。书中边码为原书段落码，方便读者检索。书中保留荣格原注、英译注、英编注，并增补了部分中译注，详细的参考文献可见http://www.yilin.com/Book/BookView?BookID=9042，希望有助于读者研读查考。《哲学树》节选自Jung, C. G. *Alchemical Studies*. Princeton University Press, 1967, pp. 251–349.

译林出版社

导读

哲学树与哲人石

荣格一生酷爱山水、植物和自然；对树及其原型意象也是情有独钟，并赋予其深远的心理分析意义。

不同于弗洛伊德的“冰山”与潜意识比喻，对荣格来说，树及其象征，便是深远无意识的存在与表达。在其传记《回忆·梦·思考》的“序言”中，荣格说：“我向来觉得，生命如以根茎来维系生存的植物，其真正的生息藏于根茎，并不可见……当我们想到生命和文明那无尽的生长和衰落时，我们难以摆脱那种绝对的虚无感。然而，我也从未失去对永恒流动之中存有生命不息的感觉。我们看到的是花开，或者花落，但根茎永在。”

荣格学者冯·弗兰兹在与荣格合著《人及其象征》一书的“自性化过程”一章时，便用庄子《山木》中所描述的大树意象，其自在无为、至人无己的境界，来比喻荣格心理学的自性与自性化过程。

于是，树的原型意象及其意义，属于荣格分析心理学中的重要内容；有关的思想与发展，则集中在其《哲学树》的著述中。荣格从“树象征的个体表征”开始，选用其来访者的32幅有关树意象的绘画，呈现个体潜意识、集体无意识、原型以及原型意象的魅力和深远寓意；并在此基础上展开对树意象与象征的历史阐释。

在《哲学树》的开始，荣格明确表示，树以及奇妙的植物意象，经常出现在无意识的原型结构中，比如梦或者来访者的绘画中，都会有此形象的表达。《哲学树》中荣格所使用的第一幅绘画，是充满画纸的一棵大树，独立于海岛上，树干粗壮，新芽和花蕾已现，可谓面向大海，春暖花开，呈现了画者(荣格的来访者)的心情。然而，根据荣格心理分析理论，“心情”的背后，便包含了集体无意识的存在；此树的意象表示着超越人类意识的生命被唤醒。于是，便触及《哲学树》或者“世界树”的原型意象，犹如一种自然的“曼荼罗”，也有自性与自性化的寓意和表达。

32幅生动的心理画，组成《哲学树》的第一部分。这些绘画都是荣格收集的第一手资料，大多来自荣格的来访者，原稿收藏在瑞士苏黎世荣格学院。荣格总是在来访者绘画的背后，记下与来访者交流的细节、其分析与感悟。于是，通过树的意象，通过《哲学树》的学习和阅读，我们可以感受荣格心理分析的方法与技术，尤其是积极想象的生动呈现与“扩充技术”(amplification)的内涵。

《哲学树》的第二部分为“树象征的历史与解释”。在临床工作的基础上，荣格对树的原型意象进行更为深入的分析，阐释哲学树的性质与起源，借用神话、历史、宗教和文化来梳理象征的深度意义，发挥其扩充技术的作用，探索树的原型意象中的"炼金术心灵"，以及作为哲人石的树的原型。荣格发现，在古典炼金术的绘图中，经常出现树的意象，它是一种整体性成就的象征，而树叶表示炼金术的阶段性成果。于是，《哲学树》自然而然成为《炼金术研究》的组成部分。

在《荣格全集》第13卷《炼金术研究》的开始，是荣格所撰写的《评〈太乙金华宗旨〉》。荣格一再申明，其炼金术研究过程中的关键，其收获与感悟，皆与中国文化、与来自道家内丹的秘本《太乙金华宗旨》有关，尤其是他与卫礼贤合作、以此为基础所完成的《金花的秘密：中国生命之书》(卫礼贤的文本翻译与导论，荣格的心理学评论)。荣格说："我所要强调的是，正是《太乙金华宗旨》这部著作，第一次把我推到了正确的方向上。由于对中世纪炼丹术的长期研究，我们找到了在灵知和集体无意识过程中存在的联结点。现在看来这是显而易见的。"荣格也多次表明："我和卫礼贤合著了《金花的秘密》。只是在我的思想和我的研究触及核心之点，也即'自性'的时候，我再次找到重返世界的道路。"

于是，《炼金术研究》之《评〈太乙金华宗旨〉》(第一部分)，可以帮助我们来理解《哲学树》(第五部分)的意象与表达。荣格将来访者绘制的树意象和象征，大多称为"曼荼罗"，或心灵图像。在荣格看来，这些绘画是源自无意识的、自发生出的意象。那么如何获得这些意象呢？其中包含生命的缘起与气息，须要全身心地投入生命，生命中就会产生自性的直觉，以及对生命存在的感知。或者说，当无意识专注于生命时，我们的自性就跃然于画上。

有意思的是，荣格在《哲学树》中引用魏伯阳的思想，来佐证其《哲学树》与炼金术，或者道家内丹与哲人石的关系。荣格称魏伯阳是“我们所知的最古老的炼金术士（公元2世纪）”，其所描述的道家真人可理解为“真实而完善的人”。荣格引用其《周易参同契》中有关的内丹境界“真人潜深渊，浮游守规中”，并认为这种境界远超西方炼金术的见解，实为自性的觉悟，包含哲学树的真谛，犹如哲人石的显现。

《哲学树》中保留着荣格早期的风格，多以短文形式表现，文字优美，富有哲理，颇有《浮士德》的神韵和尼采的风范。实际上，荣格的《哲学树》也正是以歌德《浮士德》的名句拉开了序幕：“尊贵的朋友，所有理论都是灰色的，生命的金树常青。”我们所知道的荣格最后的一个梦，见荣格传记《回忆·梦·思考》，也是与大树和根茎有关。在荣格去世前几天的夜里，荣格梦见：“一块长着大树的方地，所有的根须都从地里长出来包围着他。在这些根须中，有金线在闪光。”荣格对树及其意象情有独钟，在其《哲学树》中留下心灵启示录。

申荷永

2018年7月于洗心岛

目 录

尊贵的朋友,所有理论都是灰色的,

生命的金树常青。

《浮士德·第一部》

一

树象征的个体表征

304 在潜意识的原型结构中经常出现的一种意象是树或创造奇迹的植物的意象。当把这些幻想的产物用素描或油画画出来时，它们经常会形成曼荼罗状的对称模式。如果我们可以把曼荼罗描述为在横截面上看到的自性的一种象征，那么树就代表从侧面看到的它：自性则被描述为成长过程。在这里我并不想讨论这些图画得以产生的条件，因为我已经在我的论文《自性化过程研究》和《关于曼荼罗象征作用》中对此做过所有必要的说明。我现在要提供的例子全都来自我的病人的一系列图画，他们想要在其中表达其内心体验。

305 尽管树的象征多种多样，但仍可以确立许多基本特征。在论文的第一部分，我将就在此呈现的图画进行评论；在第二部分，我将对炼金术及其历史背景中的哲学树进行说明。我的案例材料没有受到任何形式的影响，因为这些病人以前对于炼金术或萨满教没有任何了解。这些图画是创造性幻想的自发产物，其唯一有意识的目的就是，表达当潜意识内容在意识中呈现时发生的一切，以这种方式，意识就不会被潜意识内容吞没，潜意识也不会被扭曲。大多数图画都是当时接受治疗的病人所画，但有些则是没有受到任何治疗影响或不再受治疗影响的人所画。必须强调的是，我非常谨慎，避免提前说一些有可能产生暗示效应的话。这32幅图画中有19幅完成于我本人对炼金术还一无所知时，其余的则是在我的《心理学与炼金术》出版之前画的。

图1

306 这棵树独自矗立在一座海岛上。其庞大的树身用下述事实即可表明：树的上部已在图画的边缘之外。树芽和树上的小白花暗示着春天的到来，此时这棵树龄远比人类的存在更长的大树将把新的生命唤醒。这棵树的独自存在及其位于图画中央的中轴位置，使人联想到世界之树和世界轴——树象征几乎普遍具有的属性。这些特质表达了画家内心发挥作用的内在过程，并表明树与其个人心理无关。树在这里表征的是一种普遍的、与个体意识不同的象征。不过，画家有可能是在有意识地利用圣诞树来说明其内心状态。

图2

307 树的抽象程式化及其在地球上的位置表现了精神的孤独感。为了弥补这一孤独感，花冠的完全对称就指向对立物的统一。这是自性化过程的原动力和目标。如果画这幅画的人既没有和这棵树相认同，也没有被它同化，[1]那么他就不会有产生自体性欲隔离（auto-erotic isolation）的危险，而只会强烈地认识到，他的自我人格面对着一个他必须与之保持一致的象征过程，因为它就像其自我一样真实、不可否认。我们可以用各种方式否认这个过程，认为其无效，但这样做，便失去了这个象征所代表的所有价值。天真好奇的人自然会寻找理性的解释，而如果他不能立即找到某种解释，那么他要么凑合着提出信口开河的、完全不恰当的假设，要么失望地转身离去。人们似乎很难忍受猜不透的谜或者允许这些谜存在，虽然人们会认为生活中充满了诸如此类的谜，所以再多几个我们无法解释的事情也不会有什么差别。但是，或许正因难以忍受，在我们自己的精神世界里才会有一些非理性的东西，而使意识心灵面对其自身的存在之谜，以虚幻的确定性扰乱意识心灵。

1 Cf. *Aion*, pp.24ff.

图3

308 这幅画展示的是一棵发光的树，同时也是一个树枝形的大烛台。这棵树的抽象形式指的是其精神的本质。树枝的末端是一些发光的蜡烛，照亮了一个封闭的空间，这个封闭空间或许是个洞穴或地窖。这个过程的隐秘性就是这样得到强调的，其功能亦显而易见：把意识照亮。

图4

309 虽然是用金箔剪成，但这棵树是写实的。它仍然处在冬天、没有树叶的睡眠状态。它以宇宙为背景昂首矗立，在其树枝上有一个巨大的金球，很有可能就是太阳。这种金色表示，虽然绘画者还没有与这个内容形成一种活生生的、有意识的关系，但她对其巨大价值有一种情绪上的直觉。

图5

310 这棵树没有叶子，但开着一些小红花，预示着春天的来临。树枝的顶端冒出火焰，而且火焰是从长出这棵树的水里蹿上来的。所以这棵树也很像一个喷泉的喷嘴。这种喷泉（*fontina*）

的象征在炼金术中为人们所熟知；在炼金术的图画中它经常表现为一种中世纪的城镇喷泉，[1]中间的那个直立的部分与这棵树相对应。火与水的结合表达的是对立物的统一。这幅画证实了炼金术的这种说法："我们的水就是火。"

图6

311 这棵树是红色的，看上去就像一个珊瑚枝。它并不是在水中被反射出来的，而是向下和向上同时生长。图画下半部的四座山也不是反射，因为它们的对立物是五座山。这表明，地下世界并不只是地上世界的反射，它们本身分别是一个世界。这棵树矗立在代表对立物的两堵石墙的中间。那四座山在图24中也出现了。

图7

312 这棵树以不可抵抗的力量穿透地壳，两边都隆起一些山一般的巨石。绘画者是在表达他内心一种类似的过程，按照自然规律自然发展，任何抵抗力量也阻挡不住它。因为这些大石头是冰雪覆盖的大山，那么这棵树就具有了世界之树的宇宙特征。

---

1 [Cf. "The Psychology of the Transference," Fig.1.]

图8

313 这棵树没有树叶，但其树枝的末梢上有一些像圣诞树一样的小火焰。它不是从地里或者水里长出来的，而是从一个女人的身体里长出来的。绘画者是个新教徒，并不熟悉中世纪时圣母玛利亚作为大地和北斗七星的象征作用。

图9

314 这棵树苍老而又巨大，矗立在盘根错节的树根之上，绘画者对此极力强调。两条龙从左右两端相互靠近。树上有个小男孩，他爬到树上观看这些龙。这使我们想起了守卫金苹果园果树的那些龙以及看守秘藏物的那些蛇。这个男孩的意识处在一种相当危险的情境中，因为刚刚获得的那一点安全感很容易再次被潜意识所毁灭。潜意识的混乱是用盘根错节的树根，以及显然非常巨大的龙和那个非常小的孩子来表示的。这棵树本身并没有受到威胁，因为其成长不依赖于人类意识。它是一个自然的过程，甚至冒险干扰它都是危险的，因为它是被龙守卫着的。但是，因为这是一个自然的、永远存在的过程，假如他鼓起足够的勇气，不管守卫者的存在而爬到那棵树上，那么这个过程就能给人提供保护。

图10

315 我们再次看到两条龙，但是以鳄鱼的形式表现出来的。树是抽象的、双重的，树上结着果实。因为其双重性，给人留下了只是一棵树的印象。除了把两棵树连接起来的圆环之外，这也指向对立物的统一，而对立物也用两条鳄鱼来代表。在炼金术中，墨丘利是用树和龙作为象征的。众所周知，他是“两性的”，既是男性也是女性，在化学婚礼的圣婚（hierosgamos）中成为一体。墨丘利的综合构成了炼金术过程的重要部分。

图11

316 虽然树和蛇都是墨丘利的象征，但是，考虑到后者的双重性，它们代表的是两个不同的方面。树与被动的植物原则相对应，而蛇与主动的动物原则相对应。树象征着扎在土中的肉体存在，蛇象征着情绪性和拥有灵魂。若没有灵魂，身体就会死亡；若没有身体，灵魂则是不真实的。在这幅画中，显然即将发生的两者的统一就意味着身体的生机活力和灵魂的物质化。同样，天堂里的树预示着，那个真实的生命在等待着原初父母的到来，此时他们从其原初的孩子般的（即元神世界）状态中浮现出来。

图12

317 树和蛇结合在一起。树上长出了叶子,太阳在中间升起。树根像蛇一样。

图13

318 这棵程式化的树的树干上有一扇锁着的门,这扇门通往一个隐秘之处。中间的树枝显然就像蛇一样,有着像太阳一样发光的身体。代表绘画者的那只天真的鸟在哭泣,因为它忘记了带开门的钥匙。显然可以认为,在树里有某种有价值的东西。

图14

319 这幅画的绘画者就宝藏这个主题做了许多改动。在这幅画和下一幅画里采用的是英雄神话的形式:英雄在一个隐秘的地窖里发现了一个密封的箱子,有一棵奇妙的大树从里面长出来。像狗一样追随着英雄的那条绿色小龙与人们所熟知的炼金术士的精神相对应,即水银之蛇或绿色巨龙。这种像神话一样的幻想并不少见,或多或少地等同于炼金术的寓言或道德说教的故事。

图15

320 这棵树并不想放弃宝藏，而且把放金钱的箱子抓得更紧。当那位主人公触摸树的时候，一股火焰便向他身上冒出来。它是一棵火树，就像炼金术士们的火树一样，也像是行邪术的西门·马古斯的那棵世界之树。

图16

321 许多鸟坐在没有叶子的树上，这是一个在炼金术中也可以发现的主题。智慧之树被无数的鸟包围着，就像在罗伊斯纳的《潘多拉》(1588)中那样；或者说，那些鸟围绕着赫尔墨斯·特利斯墨吉斯忒斯在飞，就像在《化学》(1566)中那样。[1]图中表现的是这棵树在守卫着某种宝藏。这颗藏在树根里的宝石使人想起了格林兄弟关于藏在橡树根里的那个瓶子的童话故事，里面装着精灵墨丘利。这块石头是一颗深蓝色宝石，但它和在教会寓言中发挥了重大作用的《以西结书》中的那颗宝石的联

1 ［Cf. *Psychology and Alchemy*, Figs.231(《潘多拉》的那幅图)and 128(赫尔墨斯的那幅图)。《化学》是扎迪斯·西尼尔的作品。——编者注］

系，这位绘画者并不知道。这颗宝石的独特功效是，它能赋予佩戴者以贞洁、虔诚和坚贞不渝。可以把它用作一种“使心脏感到舒服”的药物。[1]哲人石被称为“宝石花”。[2]鸟，作为有翅膀的存在，必定是精神或思想的象征。所以，图画中的许多鸟就意味着，绘画者的思绪在围绕着这棵树的秘密，即隐藏在其根部的宝藏而旋转着。这种象征作用潜存于田野里的宝藏、价值连城的珍珠及芥菜种等寓言之中。只不过，炼金术士们指的并不是天国，而是“令人惊奇的宏观宇宙之秘密”（admirandum Mundi Maioris Mysterium），而且看起来图画中的那颗宝石也具有类似的含义。

图 17

322 这是同一位绘画者所画，但是在更晚些时候画的，此时相同的观念以不同的形式重新出现。他绘画的技能也有了改进。鸟被一些心形的花所取代，因为那棵树现在已经活过来了。它的四根树枝相当于切去四个角的宝石，其“恒常性”是用那个缠绕着它的、咬自己尾巴的小蛇来强调的。在《象形文字集》中，咬自己尾巴的蛇是象征永恒的符号。[3]对炼金术士们来说，

1 Ruland, *A Lexicon of Alchemy*, p.286.

2 “Epistola ad Hermannum,” *Theatrum chemicum*, V (1660), p.804.

3 ［但是，cf. *The Hieroglyphics of Horapollo*, tr. Boas, p.57。］

自我吞噬的龙是雌雄同体的，因为它是自己把自己生出来的。因此他们把这个宝石花（即哲人石）称为“雌雄同体的宝石花”（Hermaphroditi flos saphyricus）。恒常性和永恒性不仅在树龄中表现出来，而且在其果实，即哲人石中表现出来。就像果实一样，哲人石同时也是一粒种子，虽然炼金术士们经常强调，“谷种”在地里死去了，但是哲人石不会腐烂（尽管它具有类似种子的性质）。就像人一样，它代表一种永远不断地在死亡但又永恒的存在。

图18

323 这幅画表现的是一种原初状态，在这种状态下，尽管这棵树具有宇宙的性质，却无法使自己从地里长出来。这是一种退行发展，很可能是由下述事实导致的：虽然这棵树有一种自然倾向，可以从地里长出来，一直长入宇宙空间（那里遍布奇特的天文和气象现象），但这就意味着到达了一个怪异的超自然世界，接触到令自然中的人的理性害怕的超自然事物。这棵树向上生长不仅危害人在地球上存在的所谓的安全，对他的道德和精神惰性也会造成威胁，因为这会将他带入一个新的时代和一个新的维度，在那里，如果他不付出巨大的努力进行重新适应，他就无法活下去。在这种情况下，病人并非单纯因为怯懦而退缩，而是因一种无可厚非的恐惧而退缩，这种恐惧提醒他未来提出的那些严格要求，而他却没有意识到这些要求是什么，也不知道未能满足这些要求会导致什么样的危险。他的这种焦虑的抵抗和厌恶似乎毫无根据，对他来说，把它们合理化地排除，或者在别人稍稍帮忙下，把它们像烦人的昆虫那样扫掉，都是再容易不过的事情了。其结果正是我们这幅画所展示的那种心理情境：一种朝向内部的成长使那片本该坚实的大地陷入日益混乱之中。根据病人的不同性情，一些次要的幻想便应运而生，这些幻想要么围绕性欲驱力，要么围绕权力驱力，要么两者皆有。这迟早会形成神经症症状，病人和分析师都几乎不可避免地趋向于把这些幻想认真视为致病因素，从而忽略真正的任务。

图19

324 这幅画由另一位病人所画，它表明图18并非独一无二。但是，这不再是无意识退行，而是获得意识的情况，这就是那棵树长着人头的原因。从这幅画中我们无法分辨，那个像女巫一样的树仙女是正试图抓住地球，还是不情愿地从地上生发出来。这与病人意识的分裂状态完全一致。但是，那些矗立在周围的树木表明，她已经在其内部或外部感知到了一些活生生的实例，即那些树应该的成长方式。她把这棵树解释为女巫，把退行成长解释为具有邪恶本性的魔法作用的结果。

图20

325 这棵树孤独地矗立在山顶之上。它枝繁叶茂，树干上有一扇用五颜六色的包装物包裹着的门。绘画者当时想到的是滑稽小丑这个主题。这个愚蠢的小丑表明，她觉得她正在应对某件疯狂、非理性的事物。她意识到她想到的是毕加索，毕加索的风格显然通过小丑的服装表现出来。这种联系很可能具有更深刻的意义，而不只是观念的表面结合。正是这种非理性印象，导致了前面那两幅画的退行发展。所有这三种情况都与某一过程有关，现代人的心灵发现这个过程极其令人烦恼，我的不少病人都毫不掩饰地承认他们对其心理内容的这种自主发展的恐惧。在这些情况下，如果有人能向他们证明，其看起来独一无二的、不可同化的经验具有史传性，那是极具有治疗价值的。当病人开始感受到其内在的发展不可避免时，他的内心很容易就会无比惊慌恐惧，担心他无助地逐渐陷入某种他再也无法理解的疯狂状态。我曾不止一次地从书架上拿起一本书，讲起某位古老的炼金术士的历史，向我的病人展示在四百年前出现过的他的那种可怕幻念。这样做具有镇静作用，因为这时病人会发现，他并非孤独地处在一个无人理解的奇怪世界之中，而是人类历史长河中的一分子，人类的历史已经无数次地体验过他认为是自己发狂的病理证据的那些事情。

图21

326 前面那幅画的玩偶中装着一个正在睡觉的人，他正在进行像昆虫幼虫那样的蜕变。在这里，那棵树表现得也像是隐藏在树干里的那个人的母亲。这与树的传统的母性意义相一致。

图22

327 发展已经进入下一阶段。那个睡着的人醒来，半个身子从树上显现出来，开始接触动物界。于是，“由树所生”的人不仅被描画为自然之子，也被描画为像树一样从地里长出来的原始生物。那个树仙女就是夏娃，她不是取自亚当的肋骨，而是独立诞生的。显然，这种象征不仅是为了校正超文明人（ultra-civilized man）的片面性和非自然性，而且尤其要校正《圣经》中夏娃附属于亚当诞生的神话。

图23

328 树仙女举着太阳，她是一个由光构成的人物。背景中那条波浪形的镶边是红色的，由绕着转换之中的小树林流动的鲜活的血液构成。这表明，这种转换不是一种不切实际的幻想，而是一个深入肉体之中甚至是由此而生发的过程。

图24

329 这幅画将前面几幅画的不同主题结合起来，但特别强调光或太阳的象征，以四位一体作为表征。它是由四条河流浇灌的，每一条用不同的颜色来表示。它们从病人称之为四座天国的或“形而上的”山上流下来。我们早在图6中就已经见过这四座山了。它们也曾出现在我在《心理学与炼金术》中提到的那位男性病人的图画中，[1]在那本书的图62和图109中这四条河流得到再现。在所有这些情况下，我都不应该为四这个数字承担什么责任，就像我也不为所有其他炼金术的、诺斯替教的和神话的四位一体负责。批评我的人似乎有这样一种滑稽的观念：我对四这个数字情有独钟，因此随处都可以发现它。他们应该仔细地阅读一本炼金术的记叙，只需一本就够了——但这显然需要付出太大的努力。由于“科学的”批评有九成是偏见，要想使事实得到公认就必然会花费很长的时间。

330 四这个数字，就像化圆为方一样，并非偶然出现的，这就是为什么——举一个就连批评我的人都知道的例子——没

1 Par.217.

有三个方位,也没有五个方位,而恰好有四个方位。我只附带提一下,除此之外,四这个数字具有独特的数学性质。我们图画中的四位一体元素,以及对光象征的强调,以这样一种方式对其做了放大,使人不难发现这究竟是什么意思:通过那个小小的女性人物表现出对整体性的接受,对自性的一种直觉理解。

图25

331 这里显示的是一个更后期的阶段。那个女性人物不再只是光象征的接受者或承载者,而是已经被吸收进去了。人格受到了比前一幅画更强烈的影响。这增加了与自性相认同的危险——一种不容小觑的危险。任何经历过这种发展的人都会想要将其经验和尝试的目标与自性相结合。确实有一些先例对此进行暗示,在当前案例中这是完全可能的。但是,在这幅画中有某些因素能够使绘画者把她的自我与自性区分开来。她是一位深受普韦布洛印第安人神话影响的美国女性:玉米穗轴使这个女性人物具有了女神的特点。她被一条蛇缠在树上,于是与被钉死在十字架上的耶稣基督类似,作为自性的耶稣基督是为世俗的人性而牺牲的,就像普罗米修斯被铁链拴在大石头上一样。正如这个神圣的神话所示,人类努力想要达到整体性,这与自性为世俗存在的束缚而付出的自愿牺牲相对应。在此我只是指出这种对应性，并不进一步深入下去。

332 因此，在这幅画中有那么多与这个神圣神话有关的成分，使得她能够很容易区分自我与自性，除非病人的意识完全被蒙蔽(但没有这方面的信号)。在这个阶段，重要的是不要屈服于膨胀，例如，当自性可以被识别出来之际，如果她与之相认同，因而对所获得的顿悟视而不见，那么，就不可避免地会产生非常令人不快的后果。如果人们能够识别出与自性相认同的本能冲动，那么，他们就会获得很好的机会，使自己从某种潜意识状态中解放出来。但是，如果这个机会受到忽略或者没有得到利用，情况就不会保持如故，而是会引起某种压抑，并伴随着人格的分裂。自性的实现可能导致的意识的发展便变成某种退行。必须强调的是，这种实现不只是智力上的，而主要是道德上的，与此相比，智力的理解则是次要的。由于这个缘故，我描述的这些症状也能在下面这类病人中观察到，他们受不愿承认的低劣动机驱使，拒绝承担命运赋予他们的任务。

333 我想要请各位注意另一个独特之处：这棵树没有树叶，其树枝也可能就是树根。它的全部生机活力都集中在中心，集中在代表其花朵和果实的那个人物上。因此，一个其根部既在上部也在下部的人就像是一棵同时向上、向下生长的树。目标既不是高度，也不是深度，而是中心。

图26

334 在上一幅图中提出的观点在这里再次出现，只不过形式略有改变。或许真的可以说，这种观点正在对自己进行描述，因为病人的意识心灵只遵从在绘画行动中逐渐成形的某种模糊感受。她本来可能完全无法用清晰的概念阐述她想要表达的东西。这幅画的结构是一个分为四部分的曼荼罗，其中心位置靠下，位于那个人的脚下。那个人站在上方，因而属于光明的领域。这个曼荼罗是传统的基督教十字架的反转，传统的十字架的长立柱在横梁之下。我们必然会从这幅画中断定，自性首先是作为一个光的理想形象而被认识，但这一形象是倒置的基督教十字架。因为基督教十字架的交叉点靠近顶端，这样，潜意识力图朝向中心的目标就是向上的，而图中那个人向下看，表示她的目标在下方。光明十字架的那条短立柱支撑在黑色的土地上，那个人的左手拿着一条从黑色的球体中拉出来的黑鱼。右手像打手印[1]的那种犹豫的姿势，指向左手的那条（来自潜意识）的鱼，表现了那位病人的特点，她曾研究过神智学，因而深受印度的影响。无论是从基督教，还是从印度教来看（作为摩奴的鱼和作为护持神毗湿奴的化身），这条鱼都具有耶稣

1 打手印（梵语）是一种宗教仪式或巫术的姿势。

这棵树发了芽，开着白色的花朵。它矗立在一座岛屿上。背景是大海。

图1

这棵树站立在球上，使绘画者想起了猴面包树，它的树根撑破了圣埃克苏佩里的小王子居住的小行星。它还使人想起了斐瑞库得斯的那棵世界之树、萨满教之树和世界轴。

图2

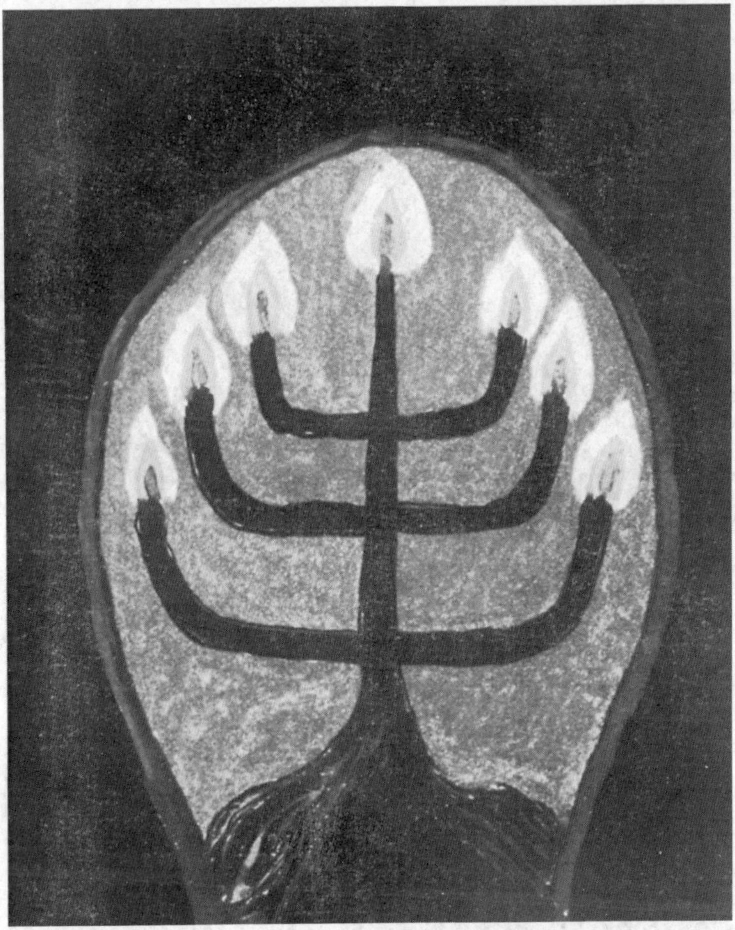

这棵抽象树是有七根树枝的枝形大烛台或圣诞树的表征。那些光是意识的启示和扩展的象征。

图3

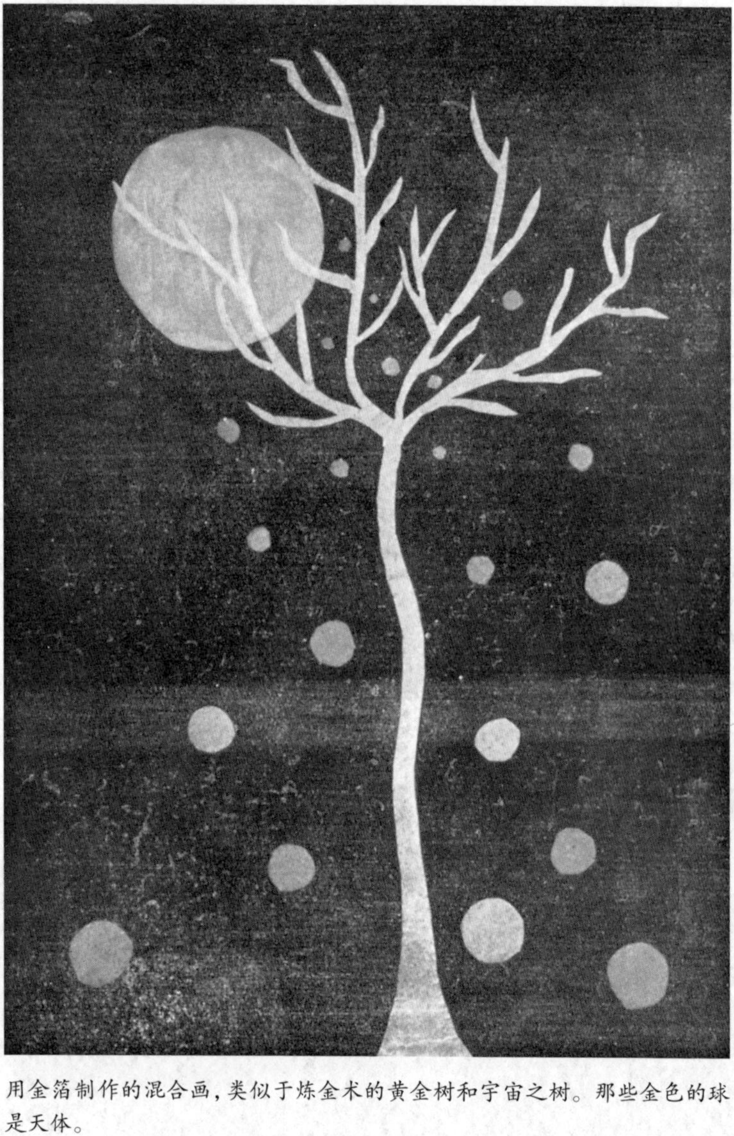

用金箔制作的混合画，类似于炼金术的黄金树和宇宙之树。那些金色的球是天体。

图4

树在水中长出来。它开着红色的花朵，但它也是由从水中蹿上来的火组成的，而且树枝的顶端装饰着火焰。

图5

这棵树被画成鲜红色，同时在水里向上、向下生长。

图6

这棵树从底下伸展出来，突破了地面。

图7

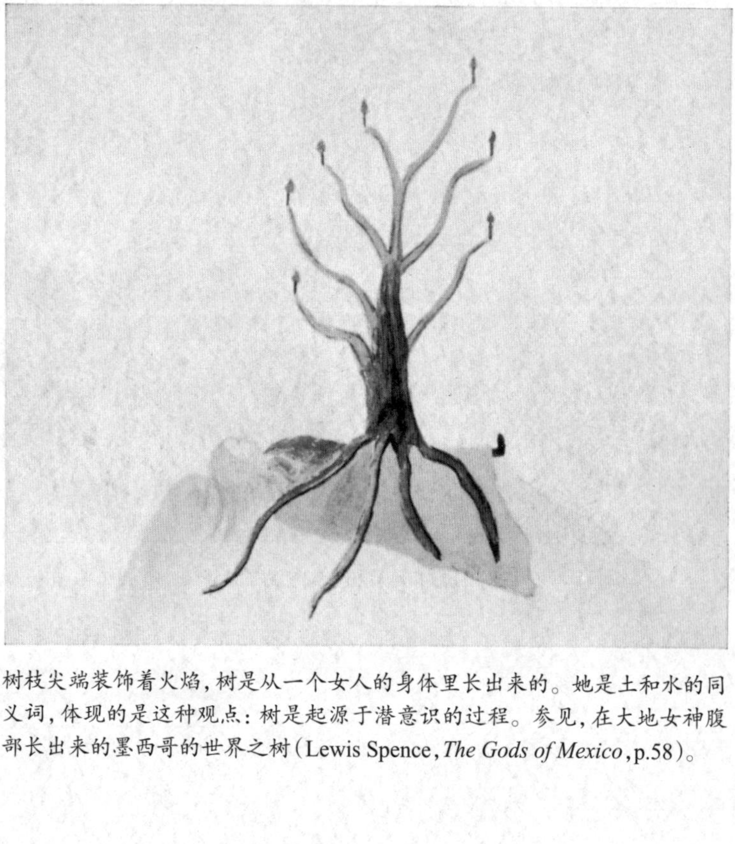

树枝尖端装饰着火焰，树是从一个女人的身体里长出来的。她是土和水的同义词，体现的是这种观点：树是起源于潜意识的过程。参见，在大地女神腹部长出来的墨西哥的世界之树（Lewis Spence，*The Gods of Mexico*，p.58）。

图8

这是一个十一岁的男孩子画的。

图9

以长到一起并且被一个圆环连接起来的两棵树作为表征的对立物的统一。水中的鳄鱼是被分离开的对立物,因此它们是危险的。

图10

这棵树的垂直生长与蛇的水平移动形成对照。这条蛇想要在知识之树中居住。

图11

与树枝里的太阳相对应，树根里的蛇头戴着一个光环，表示树与蛇的成功结合。

图12

这棵树有4+1根树枝。中间的树枝承载着太阳，另外四根承载着星星。这棵树是中空的，由一扇门关着。那只鸟在哭泣，“因为它忘记了带钥匙”。

图13

这幅画和下一幅画出自描述英雄神话的一系列图画。这位英雄由一个外形是头戴王冠的绿色小龙的仆人陪伴着。这棵树是从一个装着神秘宝藏的箱子里长出来的。

图14

这棵树用其根部紧紧抓着箱子，当那位英雄触摸到一片树叶时，火焰从树叶中冒出来。

图15

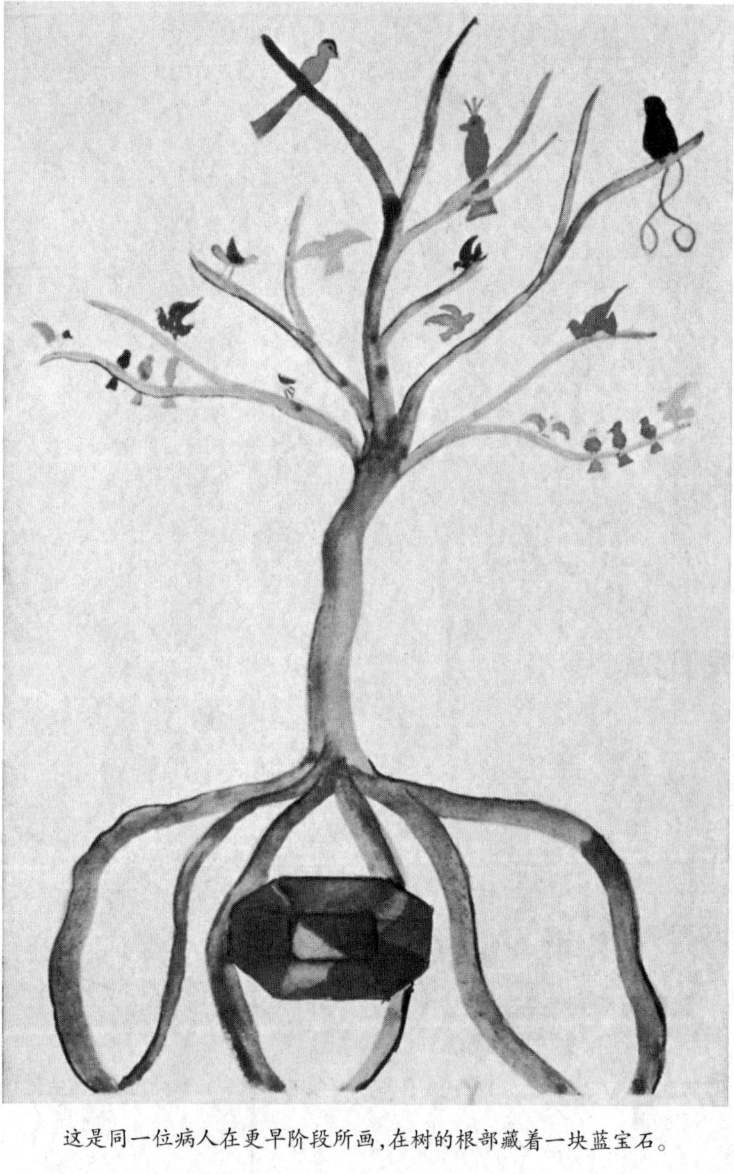

这是同一位病人在更早阶段所画，在树的根部藏着一块蓝宝石。

图16

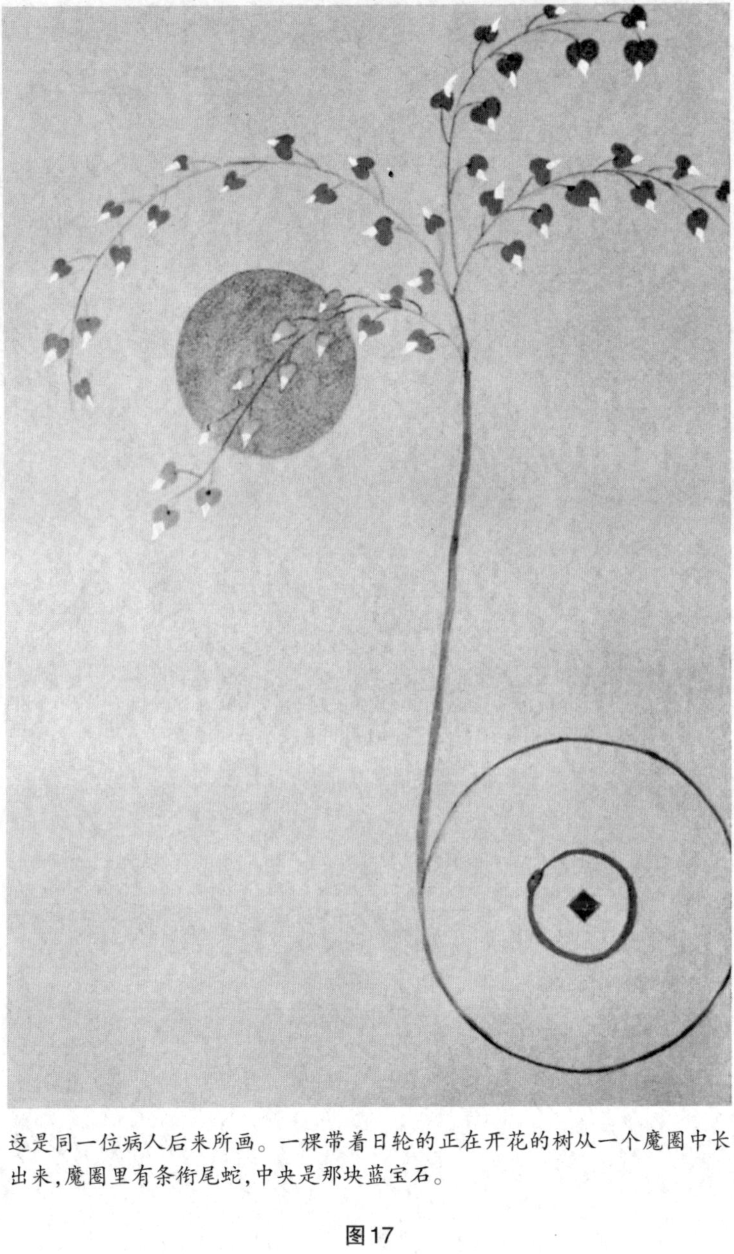

这是同一位病人后来所画。一棵带着日轮的正在开花的树从一个魔圈中长出来,魔圈里有条衔尾蛇,中央是那块蓝宝石。

图17

宇宙之树被大地抓住,无法向上生长。

图18

（一位不同的绘画者画的）相同的退行状态，但伴随着更多的意识。

图19

这棵树具有宇宙的性质,一个多彩的玩偶隐藏在树干里。

图20

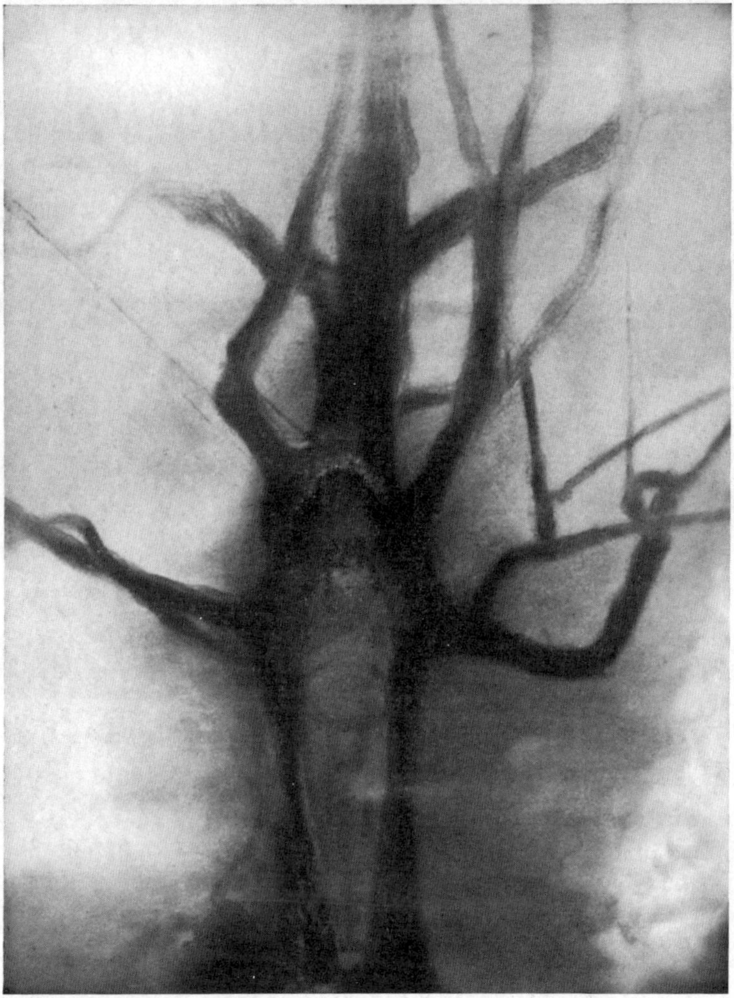

一位不同的病人画的相同主题。现在可以看见那个睡觉的人了。

图21

那个隐藏着的人醒来了，半个身体从树中出现。蛇在她的耳边低语；鸟、狮子、羊和猪构成了一幅天堂景色。

图22

树显露出人类的外形，托举着太阳。背景中是一条血液构成的波浪带，有节奏地围绕着这座岛屿起伏波动。

图23

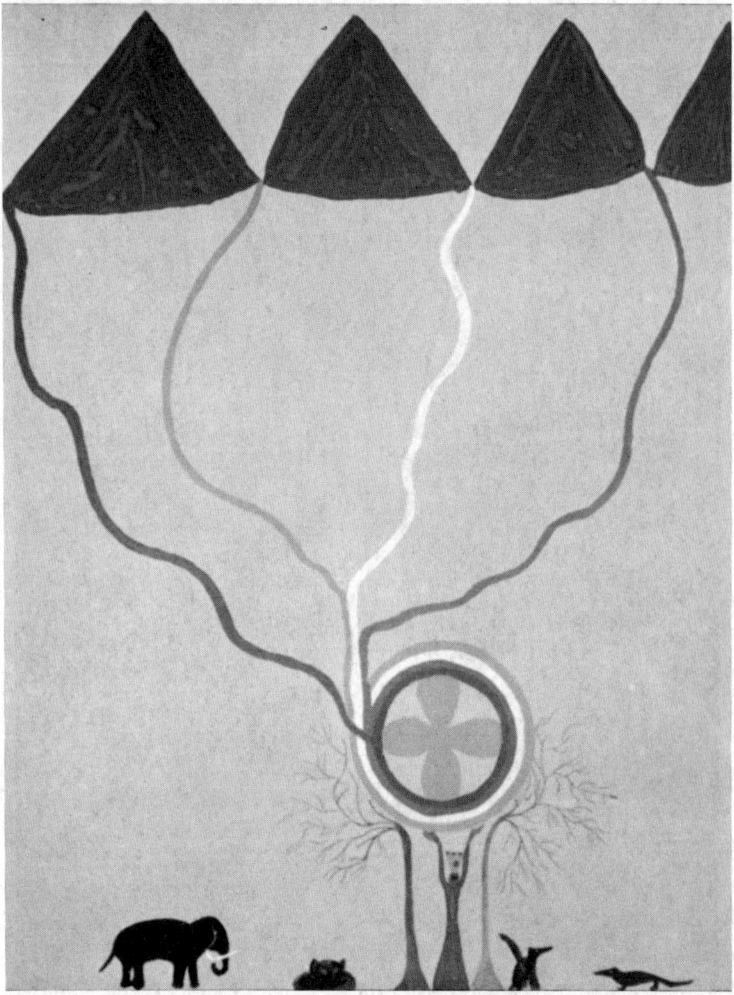

这是图13—17的那位绘画者画的。一个女性人物取代了树。日轮现在是自性化的象征，其特点是四位一体，得到从四座山上流淌下来的四条不同颜色的河流的浇灌，其两侧是四个动物。这是天堂的景色。

图24

这棵树是一个女性人物，被一条蛇缠绕着，手里拿着两个光球。在方位基点上画着玉米穗轴和四个动物：鸟、乌龟、狮子和蚱蜢。

图25

树的大部分被一个女性人物所取代，下半部以十字架的形式存在。底下是地球，天上是一道彩虹。

图26

这棵树位于一片史前的杉叶藻树林里。它就像(在六个台子上的)一朵花的雌蕊,从长着四个人头的花萼中长出来。一个女人的头从花瓣中长出来。

图27

这是图26的那位病人所画。从女人头部长出来的叶子被飞鸟包围着。

图28

这是同一位病人所画，但在这幅画中，树从一个男人的头里长出来，那个男人的头在彩虹上方。

图29

这是图2的那位病人所画。一棵风格化的世界之树将一条向下伸展的多彩的带子覆盖在一个球上。树干是一个像魔鬼一样的男性人物，一只鸟从上面飞下来，一个阴茎的象征从下面耸立而起。

图30

这是同一位病人所作。树变成了一朵莲花，里面有一个像地精一样的人物。他的头部周围环绕着一个曼荼罗，有一个像花一样的中心，被一个花环或花冠包围着。

图31

在这幅画里，树还是被画得像一朵花，象征着许多对立物的统一。下面是一只天鹅和一个像猫一样的动物；然后是亚当和夏娃，羞怯地遮住他们的脸；再然后是一只嘴里衔着一条鱼的翠鸟和一条三头蛇；在中间是《以西结书》的四个天使，其两侧是太阳和月亮；然后是那朵光明之花，里面有一个戴着皇冠的男孩；在上面是一只鸟和一个闪光的蛋、一条头戴王冠的蛇，还有两只手从一个罐子里往外倒水。

图32

救世的意义。我们有理由推测（参见图29），这个病人熟悉《福者之歌》，里面有一句话说（X，31）："在众多的鱼类之中我是马卡拉。"马卡拉是一种海豚科动物，或者是一种海中怪兽，是密宗瑜伽中生殖轮的象征之一。这个中心集中在膀胱里，其特点是以鱼和月亮为象征的水域。脉轮可能等同于意识的早期定位（例如，心轮与希腊的胸腔相对应），[1]而生殖部位很可能就是万物最早期的定位。鱼的象征连同其古老的守护神努曼都来自这片水域。这使我们想起了"创世记时代"，想起了当意识产生之时，存在的原始统一体几乎没有受到朦胧的反思状态干扰，[2]人就像鱼一样在潜意识的海洋里游弋。从这个意义上说，鱼表示恢复到元神世界的天堂状态，或者用藏传佛教密宗的语言来说，恢复到中阴状态。[3]

335 那个人脚边的植物实际上扎根于空中。树、树仙女和植物都悬于地上，或者更有可能的是，即将落向地下。这也是由那条来自深处的使者鱼来暗示的。根据我的经验，这种情况非同寻常，可能是受神智学影响所致。意识心灵满是理想概念是西方神智学的典型特征，但并非要面对阴影，面对世界的黑暗面。人不是通过想象光明人物便得到启明，而是通过使黑暗

1 关于脉轮的理论，请参见Avalon，*The Serpent Power*，关于胸腔，请参见Onians，*The Origins of European Thought*，pp.14ff。

2 ［Cf. supra，par.301.］

3 Cf. Evans-Wentz，*The Tibetan Book of the Dead*，pp.101ff.

意识化才能实现。但是，由于后一种过程不合人们的意，因而并不流行。

图27

336 与前一幅画不同，这幅画完全是西方的，尽管它涉及神灵从树或莲花里诞生出来这个原型范畴。石炭二叠纪的古代植物界表明了绘画者当时的心境，当时她凭直觉理解了自性的诞生。那个从古代植物中生长出来的人，代表其底座上四个头的统一和精华，这与哲人石由四种元素组成的炼金术观点相一致。对原型的觉知使体验融入了原始特征。就像在幻想领域中常见的那样，植物被分成六个部分，这可能纯粹是偶然的。但是，不应该忘记，六（senarius）这个数字在古代被视为“最适于生殖”（aptissimus generationi）。[1]

图28

337 这是图26的那位病人所画。那个头戴树冠的女性人物呈坐姿——这又是一种向下的移置。以前远在她脚下的黑色土地，现在则是她身体中的一个黑色的球，在脐轮的位置上，与腹

1 Philo, “De opificio mundi” [see Colson/ Whitaker trans., I, p.13].

腔神经丛相一致。(炼金术中与此相类似的是“黑色的太阳”。)[1]这意味着，黑暗原则或阴影已经得到整合，现在被感受为身体中的一种核心。这种整合可能与圣餐中鱼的意义有关：吃鱼会产生一种和上帝在一起的神秘参与感。[2]

338 很多鸟围绕着这棵树飞翔。因为鸟代表长了翅膀的思绪，所以我们可以推断，当核心向下移置时，这个女性人物逐渐把她自己与思想的世界分离开来，因而这些思想又回到了其自然元素之中。以前她和她的思想是相认同的，所以她就像一个空中的存在一样被抬升到地面之上，而她的思想却失去了飞翔的自由，因为它们不得不支撑一个人在空中的全部体重。

图29

339 这个与思想的世界相分离的过程仍在继续。一个显然被突然唤醒的男性魔鬼，[3]带着胜利的神情显露他自己：他就是阿尼姆斯，女人身上男性思维的化身(也是通常意义上她的男性方面的化身)。这位病人以前的悬置状态，其实是阿尼姆斯附身，现在那层皮蜕去了。在她的女性意识及其阿尼姆斯之间

---

1 乌鸦头(*caput corvi*)和黑斑蚧(*nigredo*)的同义词。参见Mylius, *Philosophia reformata*, p.19，他说，在黑斑蚧中，作为自然中介的灵魂(*anima media natura*)占据主导地位。这与我称之为集体无意识的东西大致相当。

2 Cf. *Aion*, pp.113ff.

3 我的意思是指希腊的精灵，而不是基督教的魔鬼。

的分化意味着两者都得到了解放。“我是赌徒的游戏”这句话很可能指的就是《福者之歌》(X, 36):“我是骰子的游戏。”[1]克利须那是用这句话来说他自己的。这段话一开始是这样说的(X,20—21):“我是安坐在所有存在之心中的自性。哦,古达克刹呀!我也是所有存在的开始、中间和结束。我是阿底亚斯[2]中的护持神毗湿奴;是发光体中放光的太阳。”

340 和克利须那一样,火神阿耆尼是《耶柔吠陀》的《百道梵书》中的骰子游戏:“他(行祭僧)[3]把骰子掷下,嘴里说着,‘神圣的梭哈[4],您努力用苏利亚[5]的光束照亮诸位兄弟们内心最中心的地方!’因为那个游戏场就像‘烈火’一样,那些骰子就是他的煤炭,所以,他想要取悦的就是他(火神阿耆尼)。”[6]

341 这两个文本都把光明、太阳、火以及神祇与骰子游戏联系起来。同样,《阿闼婆吠陀》谈到了“在战车上、在骰子里、在公牛的力量中,在风、巴尔加鲁耶中,[7]和在瓦鲁纳的火中的辉煌景象”。[8]这种“辉煌景象”与早初的心理学中人们所熟知

---

1 Sacred Books of the East, VIII, p.91. 遗憾的是,我无法向病人询问这句话的来源,但我知道她熟悉《福者之歌》。

2 诸位太阳神。

3 背诵《耶柔吠陀》的僧侣。

4 梭哈(*Svāhā*)是神圣音节之一。它是在雷暴期间背诵《吠陀》时(Apastamba, in SBE, II, p.45)和向诸神牺牲献祭时(ibid., p.48)发出的声音。

5 苏利亚=太阳。

6 SBE, XLI, p.112.

7 雨神。

8 SBE, XLII, p.116. [瓦鲁纳=天神]

的“神力”，以及潜意识心理学中的“力比多投入”、“情绪价值”或“情调”相对应。就情绪强度而言（这是对原始意识具有决定性重要作用的一个因素），那些各不相同的事物——雨、风暴、火、公牛的力量和激情的骰子游戏——可能都是相同的。在情绪强度上，游戏和赌徒是一致的。

342 这一连串的思考可能有助于解释这幅画的情绪色彩，它表达的是释放和宽慰的情绪。病人显然感到，这一刻如同那位神圣努曼的呼吸。正如《福者之歌》清楚表明的，克利须那是自性，这位病人的阿尼姆斯与之相认同。当阴影、黑暗面没有被充分认识到时，这种认同是会经常出现的。和每一种原型一样，阿尼姆斯有一张坚纳斯的脸，除此之外，它还受到限制，只是一种男性原则。因此他完全不适合于代表整体性，无论是上帝，还是自性。他必须满足于充当某个中间调解人的地位。但是，具有印度神智学特点的这些概括阐述，通过某种心理短路而诱使这位病人至少暂时地把阿尼姆斯与整体性相认同，把他放在自性的位置上。

图30

343 这里展示的是和图29相同的主题，是图2的绘画者以不同的形式表现出来的。这棵无叶树的风格是高度抽象的，那位身穿僧袍的、像地精一样的人也同样如此。伸出的双臂表达的是平衡和十字架的主题。这个人的含糊之处一方面是用从上面飞下来的鸟而加以强调的，[1]那只鸟画得像是一朵想象出来的花，另一方面是用显然从根部升上来的那支阴茎般的箭头而予以强调的。所以，那个魔鬼代表的是左右两侧的平衡以及理智与性欲的统一，就像炼金术中以哲人石的形式表现出来的墨丘利的双重性一样，是一个由四种元素组成的四位一体。那条垂至球上的带子使人回想起水银带，我曾在《自性化过程研究》中讨论过。[2]在那个研究中，病人自己把它视为水银。

344　炼金术的墨丘利这个概念完全是从男性心理学中派生出来的，象征的是一个男人心中的努斯与性之间的典型对立，而没有把它们结合起来的女性的厄洛斯。图画中阿尼姆斯这个人物是在自性化过程中从女人的心灵中结晶而成的一种纯粹男性的心理。

图 31

345　这是由前面那位病人所绣。树变成了开着莲花的植物，那个像地精一样的人物坐在莲花上，这提醒我们，莲花是诸神的诞生之地。在这两个人物身上东方的影响是显而易见的，但和

1　参见，树上的那只鹳，infra，pars.415ff。

2　P.292，Picture 3.

我们在图28、图29中遇到的有所不同。它与在西方习得和模仿的印度神智学无关，因为现在这位病人出生在东方，但没有有意识地吸收其神智学。但在她的内心深处如此彻底地充斥着这种神智学，对其心理平衡产生了扰动。

346 在这幅画里，那个魔鬼显然处在后面的位置上，但树冠得到了丰富的发展：出现了树叶和花朵，围绕着一个像花一样的中心形成了一个花冠、一个花环。炼金术士们使用王冠（*corona*）或汝心之王冠（*diadema cordis tui*）这个术语，它意味着一种完善的象征。王冠在图画中呈现为树所象征的发展过程达到最高点或完成。它采取的形式是曼荼罗、中国的“太乙金华”和西方炼金术的“蓝宝石花”。阿尼姆斯不再霸占自性的位置，而是通过自性获得了超越。

图32

347 我再现这幅画是有点犹豫的，因为，和其他图画不同，这份材料是不“纯正的”，因为它受到了病人阅读或者通过道听途说获得的材料的影响。但是，它是自发产生的，因此这份材料又是“本真的”，用与所有人相同的方式表达了一种内在体验，只不过更清楚、更生动，因为这位病人能够更好地利用适合于其主题的那些观念。因此，它把大量的材料结合在一起，我不想在这里予以评论，因为其基本成分已经在相关文献中讨论过了或者将要在相关文献中发现。不管怎么说，这棵树实际的构图是原创的。我之所以在此呈现这幅画，只是想要表明，关于象征作用的知识能够对这种构图产生什么样的影响。

348 我要用一个关于自发的树象征作用的文学实例作为这一系列图画的结束。诺埃尔·皮埃尔，一位我个人对其一无所知的近代法国诗人，在其诗歌《黑色炎阳》(1952)中描述了一种本真的潜意识体验：

这时我发现了一块露出地面的石头
裂缝中露出一个薄雾笼罩的洞穴。
一大群人急匆匆地奔向那里
来自四面八方。我混迹于他们之中。
我注意到我们是在螺旋形地旋转。
一个漏斗形的漩涡把我们吸进去。
在中间，有一棵巨大的梓
上面悬挂着死人的心脏。
每一个岔路口都选择居住着
一个小圣人，当他看见我时便眨眨眼。
……
在最底端，在咸水湖延伸之地，
在万物的中心，是多么安静啊！
在我的生命之树下，那条最后的河流

围绕着一座岛屿，在薄雾之中
升起了一块灰色岩石的立方体，
一座堡垒，大千世界的首府。[1]

349 这种描述的主要特点是：(1) 人类的普遍中点。(2) 螺旋形地旋转。[2](3) 生与死之树。(4) 心脏与树共同组成人的生机活力的核心。[3](5) 以矮生植物的形式表现出来的自然智慧。(6) 岛屿作为生命之树的坐席。(7) 立方体=哲人石=被树守卫着的宝藏。

1 [摘自第XXVI—XXVII诗节；承蒙Editions Pierre Seghers的善意准许。]

2 经常是用蛇来表征的。

3 参见Figs.14、15和17中那些心形的树叶和花朵。

二

树象征的历史与解释

1. 作为一种原型意象的树

350 在本文的第一部分提供了关于自发产生的、现代树象征的一些实例之后，我想在第二部分就树象征的历史背景聊几句，以证明我把本文命名为《哲学树》是有道理的。对于熟悉这种材料的人来说，我的这些例子显然只不过是广泛传播的树象征作用的一些特例，但是，在解释个体象征时，了解一些关于其历史先河的事情是至关重要的。和所有的原型象征一样，树象征在时间的长河里经历了一种意义的发展演变。它已经远离了萨满教之树的原初意义，尽管可以证明有某些基本的特点是不可改变的。潜存于原型意象之下的心理活力形式在所有的发展阶段都保持着其特点，虽然从经验的观点来看它可能会有无数的变式。树的外在形式可能会在时间的长河里发生改变，但象征的丰富性和生机活力则更多地表现在其意义的改变上。因此，意义方面是树象征之现象学的基础。一般地说，对其意义最常见的联想是：成长、生命、在物质和精神意义上展现形式、发展、自下向上和自上向下成长，母性的方面（保护、遮蔽、庇护、有营养的果实、生命之源、殷实、持久、身强体壮，而且还有“生了根似的驻立”），老年、人格，[1]最后是死亡和再生。

351 这些特点是对一些个体病人的叙述进行多年研究的积淀。即便是阅读本文的外行人也会因为这些图画中出现的那些源自童话、神话和诗歌的大量材料而深感震惊。在这一点上，令人惊讶的是，我询问过的人当中相对很少有人能意识到这种根源。其主要原因在于：(1) 一般地说，即便是有，人们也很少考虑梦意象的起源，更少有人思考神话主题。(2) 这些根源已经被遗忘了。(3) 这些根源在任何意义上都不是有意识的，也就是说，这些意象是新的、原型的创造物。

352 第三种可能性并不像人们认为的那样少见。相反，它出现得太频繁，在阐述潜意识的自发产物时，对象征进行比较研究都成了不可避免的。人们普遍的看法是，神话主题[2]必然与某

---

1 在尼布甲尼撒的梦里，这位国王自己就是一棵树。有一个非常古老且原始的观点，树实际上是人的生命的表征；例如，一棵树在儿童出生的时候种下，它的命运和这个儿童的命运就是同一的。“因此，树就是我们的现状的意象和镜像。”（Alciati, *Emblemata cum commentariis*, p.888b）

2 包括修辞手段。

种传说相联系，这种观点被证明是站不住脚的，因为这些主题可能在任何地方、任何时间或者任何人身上重现，而不受传说的影响。当人们能够表明，某种意象在人类历史的记录中，以相同的形式、相同的意义而存在时，就可以认为这种意象是原型意象。在这里有两种极端必须区分开来：(1) 意象是有明确定义的，与某种传说有意识联系。(2) 意象无疑是土生土长的，根本就不可能与传说有关。[1]在这两种极端之间可能会发现各种程度的相互感染。

353 由于意象具有集体性，往往不可能从某一个相关的材料中确定其全部意义。但是，出于实际治疗的目的而做到这一点尤为重要，所以为了医学心理学而对象征进行比较显然是必须的。[2]为了实现这个目标，研究者就必须回到人类历史上的那些时期：当时象征的形成仍未受到阻碍，也就是说，当时意象的形成还没受到认识论的批评，因此，其本身尚未知晓的事实可能会以明确的视觉形式表达出来。与我们最接近的这种时期就是中世纪的自然哲学时期，它在17世纪达到极盛，18世纪逐渐让位给科学这个领域。它在炼金术和炼金术哲学中获得了最巨大的发展。在这里，古代世界的那些最持久和最重要的

1 要证明这一点并不总是那么容易，因为传说常常是潜意识的，但又能凭借潜在记忆(cryptomnesically)而被回想起来。

2 这种关系类似于比较解剖学和人体解剖学之间的关系，其差别在于，在心理学中比较研究的发现具有某种实际的和理论的重要性。

神话(mythologems)都被收集起来，就像收集在水库中一样。重要的是，炼金术哲学基本上是由医生来实施的。[1]

2. 约多库斯·格雷韦鲁斯论著中的树

354 现在我想要说明树的现象学是怎样在刚才提到的那个时代之前的传播媒介中反映出来的。曾做过关于生命之树的综合研究的霍尔姆伯格[2]说，它是"人类最动人的传说"，从而证实树在神话中占有核心地位，它流传得非常普遍，到处都可以发现其分支衍生物。树经常出现在中世纪炼金术的原本中，而且一般来说代表的是神秘物质的成长及其向哲学之金子(或任何其他目标物)的转换。我们曾在贝拉基的论著中读到过，佐西莫斯说道，转换过程就像是"一棵受到精心照料的树，一棵有人浇灌的植物，由于有充足的水分而得以蓬勃成长，在潮湿和温暖的空气中发芽，凭借大自然的美妙温柔和独特性而开花结果"。[3]

355 这个过程的一个典型例子可以在约多库斯·格雷韦鲁斯

1 我们可以这样说，不仅因为许多著名的炼金术士都是医生，而且因为在那个时代的化学基本上是一本药典。想要寻求的目标不仅是可以饮用的哲学之金子(*aurum philosophicum seu potabile*)，而且是包罗万象的医学(*medicina catholica*)、灵丹妙药和解毒药。

2 Holmberg, *Der Baum des Lebens*, p.9.

3 Berthelot, *Collection des anciens alchimistes grecs*, IV, i, 12.

的论著中找到，它最早于1588年在莱登出版。[1]整个过程被描述为一个在精心照料的花园里栽种、培育树木的过程，任何外物不得入内。土壤是由纯净的墨丘利（水星）组成的；萨杜恩（土星）、朱庇特（木星）、玛耳斯（火星）和维纳斯（金星）构成了树干，[2]而太阳和月亮则提供了种子。这些行星名称部分指向对应的金属，但是我们可以从作者的以下描述话语中看出它们意味着什么："因为能进入这件作品的不是普通的金子，不是普通的水银，不是普通的银子，也不是任何其他普通的东西，而是哲学家的[金属]。"[3]这件作品的成分可能因而成为任何东西。不管怎样，它们都是些想象出来的东西，尽管在外表上用炼金术的物质进行表达。这些行星名称最终指的不仅仅是金属，而像每一位炼金术士所知道的，是（占星术的）气质（temperaments），也就是说，是一种心理物质。这些由引起独特幻想和欲望并因而揭示其性格特点的先天倾向构成。作为皇家艺术原动力之一的贪婪（avarice）在非世俗之黄金（*aurum*

---

1 "Secretum nobilissimum et verissimum Venerabilis Viri Domini Iodoci Greveri Presbyteri," 在 *Theatrum chemicum* 中被重印，III（1659），pp.699—722。

2 这个文本中写着："萨杜恩、朱庇特等，它们都是树干"，这可能意味着有好几个树干，或者这个树干由上述四者组成。显然，曾引用过格雷韦鲁斯的迈克尔·梅耶（Michael Maier, *Symbola aureae mensae*, p.269）对此也并不清楚，因为他把下面这种看法归于格雷韦鲁斯，这种观点认为，墨丘利是树根，萨杜恩、朱庇特、玛耳斯和维纳斯是树干和树枝，太阳和月亮是树叶和花。按照我的观点，他正确地把这四者理解为经典的四体生物（见下文）。

3 "Secretum," p.700.

non vulgi）这个术语中仍然明显，虽然正是在这里我们分辨出动机的变化，把目标移置到另一个阶段。在这篇论著结尾出现的那个预言中，一位智慧老人对一位能工巧匠说：“孩子啊，把世俗欲望的圈套放到一边吧。”[1] 即便是在此时（毫无疑问经常会出现这种情况），即便作者提供的程序除了生产普通的金子之外并没有任何其他目的，这一过程的心理意义仍在他使用的象征术语中表现出来，而不论其意识态度。在格雷韦鲁斯的这篇论文中，这个阶段已经被克服了，他公开承认，这一过程的目标“与这个世俗的世界无关”。因此，在他关于“我们研究的普遍过程”[2] 的论文的结论中，作者坦率地承认，它是“上帝的礼物，包含着神圣三位一体的未分化的一体性这个秘密。哦，最伟大的科学，所有大自然及其分解物的剧院，世俗的占星术，[3] 是上帝这个全能的神的证据，是死者起死回生的证明，是豁免罪恶的例子，是要做出的判断的绝对可靠的证据，是永久幸福的一面镜子”。[4]

356 读过这个像赞美诗般的赞歌的现代读者禁不住会觉得，这实在太夸张了，真不靠谱，因为我们简直无法想象，例如，炼金

1 “Secretum,” p.720.

2 P.721.

3 “解剖学”（anatomia）和“地上的天文学”（astrologia terrestris）尤指帕拉切尔苏斯学派的概念。因此，这篇论文的最早日期是16世纪下半叶。“地上的天文学”也可以被翻译成帕拉切尔苏斯的“世俗领域”（earthly firmament）。

4 “Secretum,” p.721.

术这门科学怎么可能包含着神圣三位一体呢？这种与宗教奥秘进行的热烈比较在中世纪早已引起反感。[1]这绝非罕见，在17世纪它们甚至成为某些论文的主题，不过，早在13和14世纪它们就有其先驱者。按照我的看法，不一定非要把它们看作欺骗人的神秘事物，因为这些作者心中有一些明确的东西。他们显然看到了炼金过程与宗教观点之间的类似性——这种类似性当然不是我们能够立刻理解的。只有当我们考虑到两者的共同因素时，这两种大相径庭的思想领域之间的桥梁才能够搭建起来：公比（*tertium comparationis*）就是心理因素。在今天，一个形而上学的哲学家仍然会认为，他的论述绝非仅仅相当于拟人论；和形而上学的哲学家一样，炼金术士当然也会愤慨地对指控进行辩解，这种指控认为，他关于化学物质的观点完全是幻想。正如炼金术士无法在真实的事物和他对事物的看法之间做出区分一样，现代形而上学的哲学家也仍然认为，他的观点有效地反映了他的形而上学目的。显然，他们谁都没有想到，自远古时代以来人们就持有与他们各自的目的有关的大量不同看法。但是，和形而上学的哲学家们不同，尤其是与神学家们不同，炼金术师们并没有表现出爱争论的倾向，他们至多是抱怨他们无法理解的那些作者的晦涩费解的文字。

1 参见，巴塞尔印刷商Conrad Waldkirch拒绝在*Artis auriferae*中收录*Aurora consurgens* I。See *Psychology and Alchemy*, par.464.

357 显然，对每一个有理性的人来说，在这两种情况下我们主要关心的是从幻想中产生的观念——这并不是说，他们未知的目标并不存在。无论这些观念指的是什么，它们必然都依靠相同的心理规律组织起来，也就是说，靠原型组织起来。当炼金术士们坚持认为他们的观点与宗教观点有类似性时，当格雷韦鲁斯把他的综合过程与三位一体进行比较时，他们以其方式认识到了这一点。在这个案例中共同的原型是三这个数字。作为一个持有帕拉切尔苏斯观点的人，他必定熟悉帕拉切尔苏斯关于硫磺、盐和水银的三位一体组合。硫磺属于太阳或代表太阳，而盐则与月亮有相同的关系。不过，他没有提到这种综合。[1]太阳和月亮提供的是种在地上的种子（=墨丘利），可以设想，其他四个行星形成了树干。可以结合成为一体的这四种东西指的是古希腊炼金术的四体生物，与这些行星相对应，它们代表的是铅、锡、铁和铜。[2]因此，正如迈克尔·梅耶对它的正确认识，[3]在格雷韦鲁斯进行统一或综合（henosis）的过程中，他心中想的并不是帕拉切尔苏斯的那三种基本物质，而是古代的四体生物，在其论文的结尾处，他把它与“人在神圣三位一体中的统一”进行了比较。在他看来，太阳、月亮和墨丘利的三位

1 不过，他确实提到过，金、银和水银是一些首先必须准备和净化的初级成分，这样，“共同的物质”（vulgaria）才能变成“物理的物质”（physica）（p.702）。在这里，“物理的”意思是非世俗的（non vulgi），即象征的。

2 Berthelot, *Les Origines de l’alchimie*, p.59.

3 Supra, par.355.

一体是出发点，也可以说是最初的材料，因为它表示树的种子和把种子播种在其中的土地。这就是所谓的三位一体的化合。但是，在这里他关心的是四位一体的化合，[1]这四种物质据此才得以在“人的统一”之中结合起来。这就是三和四这个两难困境的典型特征的例子，就像女先知玛利亚著名的公理一样，它在炼金术中发挥着巨大的作用。[2]

3. 四体生物

358　四体生物的目的是把对立的四种物质还原（或综合）成为统一体。那些行星名称本身就表示两个二分体，一个很仁慈（木星和金星），另一个则很邪恶（土星和火星），而且这些二分体常常构成炼金术的四位一体。[3]佐西莫斯对准备这种气味（tincture）所必需的转换过程做了如下描述：

> 你需要一种由两个实体形成的土和一种浇灌它的两种性质组成的水。当水和土混合在一起时……太阳就必

1　三位一体的化合，即三位一体的统一，是由身体、精神和灵魂组成的。……因此，三位一体在本质上是一种统一，因为它们是共同持久和共同平等的。四位一体的化合被称为对这些原则的校正。——“Scala philosophorum,” *Art. aurif.*, II, p.138. 四位一体的化合被称为“最高贵的化合”，因为它是通过把这四种成分结合起来而生产哲人石的。

2　*Psychology and Alchemy*, pars.26, 209.

3　“在我们的作品中有两种土和两种水。”——“Scala phil.,” *Art. aurif.*, II, p.137.

须晒一晒这块泥，并且把它转化成为石头。必须把这块石头烧一烧，这种煅烧就能揭示出这个物质的秘密，也就是说，形成它的精神，这就是那种气味，[1]为哲学家们所寻求的那种气味。[2]

正如上文所表明的，综合依赖于一个双二分体的统一。这一点在具有相同观点的另一种原型形式中表现得特别清楚：皇家婚姻的结构，它遵循的是表兄弟姐妹之间婚姻的结构。[3]

359 通常，哲人石是由四位一体的成分综合而成，或者由八位一体的成分外加性质（冷/热，潮湿/干燥）综合而成。同样，从古时候起就以方肌而为人们所熟知的墨丘利，就是一种神秘的物质，通过它的转换，哲人石或这一过程的目标才得以产生。因此，在阿斯特拉姆斯的爱情魔术中向赫尔墨斯祈祷的祷文是这样说的：

你的名字……在天国的四个角落里。我也知道你的形式，它们是：在东方你具有朱鹭的形式，在西方你具有狗头狒狒的形式，在北方你具有蛇的形式，但在南方你则

---

1 根据“Book of Krates”，这种气味是“一种燃烧着的、有气味的有毒物质”。——Berthelot，*La Chimie au moyen age*，III，p.67.

2 Ibid.，p.82.

3 Cf. “The Psychology of the Transference，” ch.2.

具有狼的形式。你的植物是葡萄，[1]葡萄在那个地方就是橄榄。[2]我还知道你的树林：里面长的是乌木树等。[3]

360 这个四位一体的墨丘利也是树或者其植物精灵。正如上述特性所表明的，一方面，古希腊文化中的赫尔墨斯是一位无所不包的神，但另一方面，作为赫尔墨斯·特利斯墨吉斯忒斯，他又是炼金术士们的主要权威。在希腊人对埃及文化的模仿中，赫尔墨斯的这四种形式显然是从何露斯的四个儿子派生而来。一个长着四张面孔的神早在第四和第五王朝的金字塔文本中就提到过。[4]这些面孔显然指的是天国的四个方位——也就是说，这个神什么都能看得见。巴奇指出，在《埃及亡者书》的第112章，同样是这个神，以长着四个头的门迪斯公羊的形象出现。[5]代表天国面孔的原始的何露斯，一头长发垂下来遮

---

1 "葡萄"(vitis)是给古代后期的哲学树起的名字，而作品被称为"葡萄酿酒"(vindemia)。在佐西莫斯的一个奥斯坦尼斯的引文中(Berthelot, *Alch. grecs*, III, vi, 5)说："榨葡萄(取汁)。"参见Hoghelande in *Theatr. chem.*, I(1659), p.180："人的血液和葡萄的红色汁液就是我们的火。""赫尔墨斯葡萄"(*Uvae Hermetis*)="哲学水"(Ruland, *Lexicon*, p.325)。关于"真正的葡萄"，请参见*Aurora consurgens* II中的解释(*Art. aurif.*, I, p.186)。"葡萄酒"(*Vinum*)经常是永恒之水(*aqua permanens*)的一个同义词。Cf. "Hermes the vintager" in Berthelot, *Alch. grecs*, VI, v, 3.

2 把橄榄和葡萄相等同，是因为这两种植物都可通过压榨而产出美味的汁液。

3 Preisendanz, *Papyri Graecae Magicae*, II, pp.45f.

4 Pyramid Text of Pepi I："向您致敬。哦，您有四张面孔，轮流着休息和观看肯赛特中的一切。……"(Budge, *The Gods of the Egyptians*, I, p.85)肯赛特是古埃及的第一个省(地区)，是个有第一大瀑布的地区(ibid., II, p.42)。

5 Ibid., I, p.496. 插图请见上书，II, p.311。

住了他的面孔，这缕缕长发与掌管空气之神舒神的四个柱子有关，这四根柱子支撑着天空的四角。后来这四根柱子与何露斯的四个儿子联系起来，他们取代了天国的四个方位的旧神。犬首神相当于北方，豺首神与东方相对应，艾谢特神与南方相对应，鹰首神与西方相对应。他们在死者的祭礼中发挥着很大的作用，密切注视着死者在地下世界中的生活。死者的两只胳膊与犬首神和豺首神相对应，两条腿与艾谢特神和鹰首神相对应。古埃及的四个方位是由两个二分体组成的，从《亡者书》的文本中就清晰可见："然后何露斯对太阳神拉说道，在佩城给我两个神圣的同道，在尼肯城给我两个神圣的同道，他们是从我的身体中[产生出来]的。"[1]在死者的祭礼中这种四位一体实际上是一个中心思想：四个人带着四个有盖的罐子举着棺材，有四个献祭的动物，所有的工具和器皿都是四个。程式和祈祷都重复四次，等等。[2]由此可见，这种四位一体对死者格外重要：何露斯的四个儿子必须要使身体的四个部位（即整体）得到保存。何露斯和他的母亲伊希斯生下了他的儿子。所以这种乱伦的主题早在古代埃及就已经开始了，后来在基督教的传说中仍继续存在，并扩展到中世纪后期的炼金术中。人们经常看到何露斯的四个儿子站在他们的祖父奥西里斯前面的莲

---

1 Budge, *The Gods of the Egyptians*, I, p.497; cf. p.210.

2 Ibid., I, p.491.

花上，人首[1]长着一个人的脑袋，犬首神长着类人猿的脑袋，豺首神长着豺的脑袋，而鹰首神则长着鹰的脑袋。

361 我们立刻就会发现，上述表述与《以西结书》（第一章和第十章）的幻想非常类似。那四个天使有"人的形象"。每个天使都有四张脸，一张人脸、一张狮脸、一张牛脸和一张鹰脸，这样一来，就像何露斯的四个儿子一样，一个方位是人，另外三个方位是动物。另一方面，在阿斯特拉姆斯的爱情魔术中，所有四种形式都是动物，这很可能是因为这种咒语的魔术含义。[2]

362 与埃及人偏爱四的倍数一致，在以西结的幻想中有4×4张脸。[3]另外，每一个天使都有一个轮子。在后来的评论中，这四个轮子被解释为梅尔卡巴，即战车。[4]与舒神的四根柱子和何露斯的四个儿子（他们是四个方位之神，支撑着天空的底部）相对应，有"穹苍的形象，看着像可畏的水晶，铺张在（天使的）头以上"。上面摆着他的宝座，他长着"人的形状"，与奥西里斯极其相似，他在老何露斯和赛特神的帮助下向上爬

---

1 艾谢特神后期的一种形式。

2 人头表示能够意识到个体心理的某个方面或某种功能。何露斯是冉冉升起的太阳，他给人带来光明，就像以西结的幻想含有启明的意蕴一样。另一方面，要想使魔法发挥作用，就必然要预先假设魔法是无意识的。这可以解释人脸的不存在。

3 参见自我的象征作用，其整体性特点表现为四个一组。*Aion*，pp.242ff.

4 印度的宝塔实际上就是坐着诸神的石头战车。载Daniel 7:9，有宝座设立，上头坐着亘古常在者。

到了天国。

363 天使的四个翅膀使人想起了负责保护法老棺材的带翅膀的女神怪。何露斯的每个儿子都有一个与他对应的女性角色,负责完成这种相同的守护功能。天使也是起保护作用的神,这在《以西结书》28:14和16中显而易见。[1]四位一体的驱邪意义是在《以西结书》9:4中表现出来的,其中预言家应上帝的要求在正义者的前额上画了一个十字,[2]以保护他免受处罚。这显然就是上帝的记号,而上帝本人就具有四位一体的特征。十字是被他保护者的标志。作为上帝的特征及其本身的象征,四位一体和十字就意味着整体性。所以诺拉主教圣保林说道:

> 顺着十字架的四根木柱伸展开,他就伸展到世界的四个方位,才可以使来自每个国家的各个民族都获得生命;由于我们的上帝耶稣基督是被绑在十字架上死去的,他把所有的一切都呈现给了所有的人,这样生命才可以存在,邪恶才可以被毁灭,A和Ω站在十字架的边上,每个字

---

1 “遮掩约柜的(天使)。”

2 [在DV,AV,RSV和希伯来《圣经》中的“记号”。拉丁文《圣经》:“signa Thau.”参见*La Sainte Bible, traduit en francais sous la direction de l'Ecole Biblique de Jerusalem*(Paris, 1956),其中这个词被翻译为“十字”(croix),有一个注释:“就像拉丁文《圣经》翻译的那样,其字面的意思是Tav。这个字母在古代的字母表中就是个十字形状。”——译者注]

母用它的三个笔画表现出一个三位一体的不同人物，单一的意义在三位一体的形式中得到了完善。[1]

364 在潜意识的自发象征作用中，四位一体的十字指的是自性，是人的整体性。[2]因此，十字符号指的就是整体或成为整体的治愈作用。

365 在但以理的幻想中也出现了四个动物。第一个动物像个狮子，“从地上得立起来，用两脚站立，像人一样，又得了人心”。第二个动物像只熊，第三个动物像只豹，第四个动物是一只“甚是可怕”的野兽，长着“大铁牙”，“有十角”。[3]只有对狮子的特殊描绘在某种程度上使人想起四联像中人类的部分。所有这四种动物都是食肉猛兽，或者用心理学的术语讲，它们发挥的作用就是服从欲望，失去其天使的特点，甚至在最糟糕的意义上说，变成了魔鬼。它们代表上帝的四个天使的那些消

1 *Carmina*, XIX, verse 640 (Migne, *P. L.*, vol.61, cols. 546f.):

“Qui cruce dispensa per quattuor extima ligni
Quattuor attingit dimensum partribus orbem
Ut trahat ad vitam populos ex omnibus oris
Et quia morte crucis cunctis dues omnia Christus
Extat in exortum vitae finemque malorum,
Alpha crucem circumstat et Ω, tribus utraque virgis
Littera diversam trina ratione figuram
Perficiens, quia perfectum est mens una, triplex vis.”

2 Cf. “Concerning Mandala Symbolism.”

3 Daniel 7:4ff.

极的和破坏性的方面，如《以诺书》所示，这四个天使构成了他的内在法庭（宫廷）。这种退行与魔法无关（参见第40页注释2），而是表达了人或者某些强有力的个体的魔鬼化。因此，但以理把这四只野兽解释为将要从土地中产生出来的四个国王（7:17, A. V.）。他继续解释说（7:18）："然而，至高者的圣民，必要得国享受，直到永永远远。"就像那只长着人的心脏的狮子一样，这种令人吃惊的解释基于四位一体的积极方面，指的是一种赐福的、受保护的事态，此时四个担任卫士的天使统治着天国，四个公正的国王在地球上，圣民都得国享受。但是这种幸福的状态就要消失了，因为四位一体中的第四只野兽呈现出野兽的形象，它有十角而且代表"世上必有的第四国，与一切国大不相同，必吞吃全地，并且践踏嚼碎"（7:23）。换句话说，对权力的极度渴望将使人类的部分再次成为潜意识的。这是在个体和集体中都经常能够观察到的心理过程。它已在人类历史上无数次地出现过。

366 通过《但以理书》和《以诺书》的描述可见，上帝的儿子这个四位一体很早就渗透在基督教意识形态之中了。有三本对观福音书和一本圣约翰福音书，它们被认为是天使象征的标志。这四本福音书可以说就是支撑基督王位的四根支柱，在中世纪这个四联像成为供教会骑乘的动物。但是，诺斯替教的沉思尤其改变了四位一体。这个主题太过深远，无法在此更仔细地探讨。我将只注意耶稣基督、逻各斯和赫尔墨斯的同义性，[1]以及瓦伦廷派关于耶稣从所谓的“第二个四元组”[2]中派生的看法。“这样，我们的上帝在他的四个组成部分中就把四元体的形式保留下来，并由以下四部分组成：(1) 来自阿卡莫特的精神，(2) 来自世界造物主的心理，(3) 以无法用言语来表达的艺术做成的身体，(4) 神，救世主。”[3]

367　因此，炼金术的四体生物及其还原为一体有一个漫长的史前阶段，这个阶段可追溯到超过毕达哥拉斯的四元体或四面体(tetraktys)，而直至古代埃及。由此不难发现，我们面对着这个**被一分为四的整体意象**的原型。作为结果而产生的概念就必然具有核心的性质，具有神圣人物的特点，并把那些性质留存下来，转到炼金术的神秘物质之中。

368　详细地阐述这个原型可能具有的形而上学意义并不是实证心理学的任务。我们只能指出，在诸如梦和幻想这类自发的心理产物中，同一个原型会发挥作用，并且在原则上一而再再而三地、**土生土长地**产生相同人物、意义和价值观。任何一个公正地研究上述系列梦图画的人都必将相信我的结论。

---

1 ［以及亚当：参见*Aion*，pp.208f。——编者注］Hippolytus，*Elenchos*，V，7，29ff.

2 *Elenchos*，VI，51，1.

3 Usener，*Das Weihnachtsfest*，p.149.

4. 整体性意象

369 在附带地讨论了赫尔墨斯的四位一体的历史之后，我们不妨回过头来看一看炼金术中的整体性意象。

370 最常见和最重要的秘密之一就是永恒之水，即古希腊的硫磺水。根据古代和后来的炼金术士们的一致证明，这是墨丘利的一个方面，佐西莫斯在他的片段作品《硫酸》中曾说到过这种圣水：

> 这就是人们所寻找的伟大而神圣的秘密，因为它就是整体性。整体性来自其中，也从其中穿过。两种性质，一种物质。但是，一种[物质]吸引一种，而一种又统治一种。这就是永远逃避的银水，男性和女性。……因为它不愿意被统治。这就是所有事物中的整体性。而且它有生命和精神，是破坏性的。[1]

371 关于永恒之水的核心重要性，我必须请读者参阅我早期的作品。[2]这种“水”就像墨丘利、哲人石和哲人之子（filius

---

1 Berthelot, *Alch. grecs*, III, ix. 参见有毒的气味，supra, par.358。

2 *Psychology and Alchemy*, pars.336f.

philosophorum)等一样，是炼金术的秘密。和它们一样，它是一种整体性意象，如佐西莫斯的上述引文所示，即便是在公元3世纪的古希腊炼金术中也是如此。在这一点上，这个文本是确信无疑的：水就是整体性。它是“银水”(=hydrargyrum)，但不是“永远流动的水”，即普通的水银(在拉丁炼金术中被称为粗野的墨丘利，不同于非世俗的墨丘利)。在佐西莫斯的文本中水银是一个精灵。[1]

372 佐西莫斯的“整体”是一个微观世界，是以最小物质微粒反映宇宙，因而可以在一切有机物和无机物中发现。由于这个微观世界与宏观世界是等同的，它吸引后者并且因而带来某种启示(apocatastasis)，使所有个体都恢复到原始的整体性。这样一来，就像迈斯特·埃克哈特所说，“所有的庄稼都变成了麦子，所有的金属都变成了金子”；渺小、单一的个体则变成了“伟大的人”，至人或原人，即自性。用物理的方法把贱金属转变成为金子，在道德上就等同于**认识自己**，这是对整体的人[2]的一种重新回忆。奥林匹奥德鲁斯在引用佐西莫斯劝诫敬神的话时说道：

> 如果你在处理与你的身体的关系方面能够冷静地降

1 Berthelot, *Alch. grecs*, III, vi, 5. Cf. supra, “The Spirit Mercurius,” pars.264f.

2 Cf. *Aion*, pp.162ff.

低自己的身份，那么你在处理与激情的关系时也能使自己冷静下来，通过这样做，你就能把神圣招到你自己身上，而且确实，无处不在[1]的神，将在你的身上显灵。但是，当你认识了你自己时，你也认识了真实存在的上帝。[2]

希波吕托斯在论述基督教的教义时证实了这一点：

但是你要和上帝说话，要加入基督的行列。……因为这样你就会成为上帝。因为无论你作为一个人经受过什么样的痛苦，你都已经表明，你是一个人；但是无论附属于上帝的是什么，上帝都会承诺给予馈赠，因为你已经变得神圣了，因为你已经变得不朽了。这就是“认识你自己”，认识那个把你制作出来的上帝。因为对于认识他自己的他来说，只有那些呼叫他的人才能够认识他。[3]

---

1 紧接着的前面那一段说道，上帝“无处不在”，而且“就像魔鬼一样，最微小的地方也有他的影子”。所以上帝的一种属性就是无限性，而魔鬼的区分标志则是空间的有限性。这样，作为微观世界的人就被包含在魔鬼的概念之中了，从心理学上讲，这就意味着，只要自我通过其自我中心性而强调它是独立于上帝的，那么这个从上帝那里分离出来的自我就很可能会变成魔鬼。这样一来，自性的神圣推动力（与宇宙的推动力是一致的），就被放置在服务于自我的位置上，而后者已经变成魔鬼了。这可以说明那些有神奇魔力的历史人物的人格，伯克哈特称他们为“伟大的掠夺者”。榜样是令人厌恶的（*Exempla sunt odiosa*）。

2 Berthelot, *Alch. grecs*, II, iv, 26.

3 *Elenchos*, X, 34, 4 (cf. Legge, *Philosophumena*, II, p.178).

373 上文约多库斯·格雷韦鲁斯的论著所引起的对树的有关背景的描述，在我看来，似乎是讨论炼金术中的树之意义的一个必要前奏。这种概述可能会帮助读者在炼金术观点和幻想的不可避免的混乱中不至于看不见整体。遗憾的是，由于我不得不与其他研究领域进行无数次的比较，我的阐述将不会那么容易理解。但是，这些是不能省却的，因为炼金术士的观点在很大程度上是从潜意识的原型假设中派生出来的，而这些假设也构成了其他人类思想领域的基础。

5. 哲学树的性质和起源

374 在我的《心理学与炼金术》一书中，我专门撰写了心理内容（幻觉、视象等）的投射这一章，[1]因此不需要在这里细述树象征在炼金术士中的自发产生。只要说，那个炼金术士在干馏釜中看到了大大小小的树枝，[2]他的树就在干馏釜中生长和开花。[3]有人曾劝告他对其成长进行沉思默想，也就是说，用积极想象

1 Pars.342ff.

2 “当身体分解的时候，有时候就会出现两个树枝，有时候三个，有时候更多。……”(*Theatr. chem.*, I, 1659, pp.147f)

3 “……它可能会在玻璃瓶里面像一棵树那样长起来”，“它使之在瓶子里向上长，里面有一些褪色的花”。(Ripley, *Opera*, p.86)“哲学树长着茂盛的树枝。”(“Introitus apertus,” *Musaeum hermeticum*, p.694)

来强化它。这种幻觉就是渴望得到的东西(res quaerenda)。[1]这棵树的“准备”方式与盐的准备方式相同。[2]就像这棵树是在水里生长的一样,它也要在水里腐烂,用水进行“煅烧”或“冷却”。[3]它被称为橡树、[4]葡萄、[5]长春花。[6]贾比尔·伊本·哈杨曾说到过这种长春花:“要知道这种长春花就是树叶和细树枝,它是树根但又不是树根。它既是树根又是树枝。作为树根,如果把它和树叶及果实相比,它毫无疑问就是树根。它又与树干相分离,并成为深根的一部分。”他说,这种长春花就是“玛利亚[7]所谓金色的铃铛,就是德谟克利特所谓绿色的鸟。……之所以这样称谓,是因为它的绿颜色,因为它像长春花,尽管有冷热变化,但它很长时间都保持其绿色”。[8]它有七

---

1 “《百合花》一书的作者西尼尔说,看到它[这件容器]要比看到圣典书还要令人渴望。”(Hoghelande, *Theatr. chem.*, I, 1659, p.177) Cf. *Psychology and Alchemy*, par.360.

2 “盐和树可以在任何潮湿及方便的地方制作。”(“Gloria mundi,” *Mus. herm.*, p.216)

3 Ripley, *Opera*, pp.39, 46; cf. “Tractatus aureus de lapide,” *Mus. herm.*, p.39.

4 Ripley, *Opera*, p.46.

5 “葡萄藤树”(*vitis arborea*), Ripley's *Scrowle*(British Museum, MS. Sloane 5025)。“难道你不知道吗?所有的圣典书都是在寓言中撰写的。因为耶稣基督,上帝的儿子,遵循的是这种方法,而且说,我就是真正的葡萄(藤蔓)。”(*Aurora consurgens* II, *Art. aurif.*, I, p.186)智慧藤(*vitis sapientum*, ibid., p.193, and “Hermetis Trismegisti Tractatus aureus,” *Theatr. chem.*, IV, 1659, p.613)。

6 Djābir ibn Hayyān, “Le Livre du Mercure oriental, occidental, et du feu de la pierre,” in Berthelot, *Moyen âge*, III, pp.214f.

7 女先知玛利亚。

8 指拉丁炼金术被赐福的草(viriditas benedicta),这里指的是树的果实不易腐坏。

个树枝。[1]

375 杰拉德·多恩曾谈到过这种树：

> 在大自然把金属树的树根种在她的子宫里之后，这是指那种将生产出金属、宝石、盐、明矾、硫酸、咸泉、甜泉、冷泉、温泉、珊瑚树或白铁矿石的石头，[2]而且大自然把它的树干安放在地上，这个树干被分成不同的树枝，它的材料是一种液体，不是水，也不是油，也不是泥土，[3]也不是软泥，但是，也不要认为它不是从地里长出来的树木，虽然它是从地里长出来的，但不是土地。它的树枝以这种方式伸展着，一个树枝与另一个树枝相分离，隔着两三个气候带的空间，覆盖着很多区域：从德国甚至可以远至匈牙利以外。不同树木的树枝就以这种方式覆盖着整个地球，就像在人身上血管遍布不同的肢体一样，而肢体是相互分离的。

树的果实掉落下来，树木本身死亡并且在地上腐烂消失。“此后，根据自然条件，在那里又会长出另一棵新的[树]。”[4]

---

1 “盖伦曾谈到过这种哲学树，它有七个树枝。”（*Art. aurif.*，I，p.222）

2 “白铁矿石=一种不完善的金属物质。”（Ruland，*Lexicon*，p.217）在化学中，这是指各种不同的硫化铁矿的一个集合名词。（Lippmann，*Entstehung und Ausbreitung der Alchemie*，indices）

3 *Lutum*是石膏和泥土；混合着毛发，用它来密封容器的盖子（Lippmann，I，p.663）。

4 “De genealogia mineralium，” *Theatr. chem.*，I（1659），p.574.

376 在这篇文章里，多恩生动地描绘了哲学树的成长、伸展、死亡和再生。它的树枝是遍布地球的血管，虽然它们伸展到地球表面最遥远的地方，但它们都属于同一棵巨型大树，这棵树显然是可以自我更新的。显而易见，这棵树被认为是一个血管系统。它是由像血液一样的液体构成的，当这种液体流出来时，它便凝结成树的果实。[1]相当令人奇怪的是，在古代波斯的传说中，金属是与迦约马特的血液相联系的：他的血液渗透到土里，就变成了七种金属。

377 多恩在他对树的描述上附加了一个简单的观察，对此我不想隐忍着不告诉读者，因为它对炼金术思维的经典方式所表现出来的独特东西提供了重要的洞见。他说：

> 这个东西或这类东西是从真正的物理学和真正的哲学之源中产生的，通过对上帝的奇妙作品的沉思默想，关于那位至高无上的作者及其力量的真正知识，便开始出现在哲学家们的精神法眼之中，甚至是肉眼凡胎之人也能看到这道启蒙之光。在这些人的眼中，被隐藏的东西便昭然若揭。但是，古希腊的撒旦在真实智慧的哲学田地里种下

1 “它们［那些果实］的凝结是在瞬间发生的。”这些果实“是在树梢（*locustae*）的末端长出来的”。*Locustae*是树枝的树梢（Ruland, p.209：“树的顶端或嫩枝”）。在MS.中的*lūcusta*这种形式似乎派生于*lucus*，即“树丛”（Walde，*Lateinisches Etymologisches Wörterbuch*，I，p.818）。

了稗子[1](tares)和它们的假种子,也就是亚里士多德、阿尔伯图斯、阿维森纳、[2]拉西斯,[3]以及同属此类的人,他们很不喜欢上帝之光和自然之光,从他们把索菲亚(Sophia)的名字变成哲学(Philosophia)的时候起,他们就歪曲了全部的自然真理。[4]

378 多恩是一个柏拉图主义者,并且是亚里士多德的狂热反对者,很显然,他也狂热地反对科学实证主义者。对约翰·开普勒,他的态度基本上和罗伯特·弗卢德的态度相同。[5]从根本上说,这是对哲学上的一般概念的旧争论,是唯实论和唯名论之间的对立,在我们这个科学时代已经做出了有利于唯名论倾向的决定。虽然科学的态度在严谨的实证主义基础上寻求以自己的术语来解释自然,但炼金术哲学为了自己的目的早已有过一种解释,这种解释把心理包含在对自然的全部描述中。实证主义者想要忘记其原型的解释原则(他们或多或少地成功了),即作为认知过程之必要条件的心理前提,或者为了"科学

1 在文本*Lolium temulentum* L.中。

2 伊本·西拿(980—1037),一位医生,炼金术的反对者。

3 穆罕默德·本·泽克里·拉齐(d. 925),也被称为拉西斯,医生和炼金术士。在西方以其"Excerpta ex libro luminis luminum"而著称,in Lacinius,*Pretiosa margarita novolla*,pp.167ff。

4 *Theatr. chem.*,I(1659),p.574.

5 Pauli,"The Influence of Archetypal Ideas on the Scientific Theories of Kepler," in Jung and Pauli,*Interpretation of Nature and the Psyche*.

客观性”而对它们进行压抑。炼金术的哲学家把这些心理前提、原型视为实证世界观不可分割的一部分。他还没有受到客体的支配，他不可能忽略心理前提的明显存在，这些前提是以他觉得真实的永恒观念的形式存在的。另一方面，实证的唯名论者已经对心理有一种现代态度了，也就是说，必须把它作为某种“主观的”东西消除掉，其内容无非就是通过经验来阐述的观念，只不过是放了个屁而已(flatus vocis)。他希望的是，能够完全不依赖观察者而对世界进行描述。这个希望只是部分地得到了实现，正如现代物理学的发现所示：不可能把观察者最终去除，也就意味着，心理前提是一直发挥作用的。

379 在多恩的那个案例中我们可以发现，由支气管、血管和矿脉的支脉组成的那棵原型树，被投射到经验(实证)的世界中，并且引起了一种整体的观点，它把全部有机物和无机物的自然界以及“精神的”世界包含在内。对其观点的狂热捍卫表明，多恩受到了内在疑虑的困扰并且必将失败。无论是他还是弗卢德，都不能阻挡事物的前进，今天我们已经看到，所谓客观性的代言人是怎样用类似的感情爆发来为自己辩护，以反对已经证明心理前提之必要性的心理学。

6. 多恩对树的解释

380 在其论文《帕拉切尔苏斯关于金属转换之化学集锦》中，

多恩写道：[1]

仅因为本身相似，而不论物质，哲学家们便把他们的材料与长着七个树枝的金树进行比较，认为在其种子里有七种金属，哲学金属就藏在里面，因为这个原因他们称之为有生命之树。再说一遍，即便是自然的树木也会长出各种各样应季的花朵，因此这种石质的材料也会产生出最漂亮的色彩，[2]开出自己的花朵。[3]同样地，他们说过，树的果实奋力向天上长，因为从哲学的土地上长出了一种物质，有点像是一种令人讨厌的海绵的树枝。[4]他们还提出了这种观点，认为这门技艺的完整转换过程就存在于大自然的生命体之中(*in vegetabilibus naturae*)，而不是在物质的生命体之中；而且还因为他们的石头也像生命体一样，在其中也包含着灵魂、身体和精神。通过一个并不遥远的类比，他们把这种材料称为处女的奶和赐

---

1 *Theatr. chem.*, I(1659), pp.513ff.

2 暗指多彩的孔雀的尾巴(caudo pavonis)，它的出现预示着目标的达成。

3 参见，在冥府被唤醒的死者，他们像春天的花朵一样长出来。Berthelot, *Alch. grecs.*, IV, xx, 9.

4 据说，在陆地上与海绵相对应的是马勃菌(puff-ball)。海绵能够听见而且有感觉力。当把它撕开时，它就会流出一种像血液一样的汁液。参见曼德拉草(mandrake)，当把它撕开时，它会发出尖叫声。“当把它们从其生长的地方拔出来时，就会听到有一种很响的噪声。”(Calid, “Liber secretorum,” *Art. aurif.*, I, p.343)关于海绵，请参见*Mysterium Coniunctionis*, p.134 and n.205。

福的玫瑰色的血，虽然这些只属于上帝的先知和儿子们。由于这个缘故，诡辩派哲学家认为，哲学的物质是由动物或人的血组成的。

381 然后，多恩对这些物质进行了清点，“那些无足轻重的琐事”是靠这些物质发挥作用的，例如尿、奶、蛋、毛发和各种盐及金属。这些“诡辩派哲学家”将这些象征的名称当作具体实在的东西，试图从这些最不合适的成分中制作出化学的沉淀物。他们显然是那些时代的化学家，由于他们采用具体主义的态度而导致了误解，他们使用的是普通材料，而哲学家

把他们的石头称为有生命的，因为，在最终的操作中，凭借这种最高贵的炙热的千古之谜的力量，一种像血液一样的深红色液体，一滴一滴地从他们的材料和容器中流出来。而且由于这个原因，他们发出预言说，在最后几天一个最纯正的（pure）[1]人将降临人间，通过他人类将获得自由，他将渗出一种玫瑰色的或红色的血滴，世界将因此而得到拯救，避免陨落。他们的石头中的血液也将以类似的方式释放出鳞状的金属物质，[2]人也将免遭

1　*Putus*也可以表示“真正的”或“不掺杂的”。*Argentum putum*就是纯银。用*putus*来代替*purus*意义很重大，请参见下一节。

2　不纯的金属、氧化物和盐。

疾患。[1]为此，他们说他们的石头是有生命的（*animalem*），这倒是理由充分的。关于这点，墨丘利把下面这句话说给卡利德国王听："允许知道这个秘密的只有上帝的先知。"[2]这就是说石头是有生命的原因。因为在石头的血液中隐藏着它的灵魂。它也是由身体、精神和灵魂组成的。由于类似的原因，他们称之为他们的微观世界，因为它包含着这个世界之万物的相似之处，因此他们仍然认为它是有生命的，就像柏拉图把宏观世界称为有生命的。但是现在一些无知的人相信，石头是三位一体的，而且就隐藏在三位一体的类别（*genere*）之中，例如植物、动物和矿物，有时他们自己就在矿物中寻找它。[3]但是，这个教诲与哲学

---

1 人类的疾病等同于金属的腐败（*leprositas*）。本文有 *liberabat*，但其意思要求用 *liberabit*，因为预言尚未实现。

2 这段引文不是字面上的。卡利德（"Liber secretorum，" *Art. aurif.*，I，p.325）说："兄弟，你一定要知道，我们关于这块神秘石头的沉淀物，是上帝的一个大秘密，他把这个秘密隐藏起来不让人们知道，不愿意在任何人面前表现出他要拯救那些虔诚的、完全可以称为子民的人以及那些认识到他的善和伟大的人。"多恩认为，说这句话的人是赫尔墨斯·特利斯墨吉斯忒斯，这种解释或许是正确的，后来赫尔墨斯在那个文本中说到"我自己的徒弟，缪塞"。被视为炼金术士的摩西被等同于奥菲士的师傅缪塞俄斯。

3 在这里多恩指的可能仍然是卡利德，他说（ibid.，p.342）："请看看这块既不是石头，也不具备石头性质的石头吧。另外，它是一块石头，其实体是在群山顶上（*in capite montium*）形成的，而哲学家则选择说'群山'，而不是'有生命力的东西'（*animalia*）。"（那个文本多有讹误。）石头是在蛇头或龙头上发现的，或者其本身就是一个"头状物"，就像佐西莫斯的论著中所说。地球上的山、世界轴、世界之树和至人是同义词。Cf. Holmberg，*Der Baum des Lebens*，pp.20，21，25.

家们的观点毫无关系，哲学家们认为，他们的石头是以同一种形式存在于植物、动物和矿物之中的。

382 这个值得注意的文本把树解释为神秘物质的一种隐喻形式，它根据自己的法则而生存下来，是一种像植物一样成长、开花和结果的生物。可以把这种植物比作海绵，它在大海的深处成长，和曼德拉草有相似之处（见第54页注释4）。然后多恩在“大自然的生命体”和物质的生命体之间做了区分。所谓物质的生命体，显然意味着具体的、物质的有机体。但我们还不太清楚前者究竟意味着什么。流血的海绵，以及在被拔起来时会发出尖叫声的曼德拉草，它们既不是“植物物质”，在大自然中也没有发现它们，至少在我们知道的大自然中，尽管它们可能会在多恩所理解的那个更综合的、柏拉图式的大自然中出现，也就是说，在一个包括心理“生命力”，即奥秘和原型的大自然中。这些就是曼德拉草和类似的有机体。多恩是怎样对它们进行具体设想的，这还是一个悬而未决的问题。不管怎么说，这块“既不是石头，也不具备石头性质的石头”（见第56页注释3）就属于这种类别。

7. 玫瑰色的血和玫瑰花

383 其他几位作者的著作中也出现过这种神秘的、玫瑰色的血。

例如，在坤拉斯的著作中，“被人从萨杜恩之山里引诱出来的狮子”就有玫瑰色的血。[1]这只表示“所有一切并且征服所有一切”的狮子与佐西莫斯的“全”，即与整体性相对应。坤拉斯进一步提到（p.276）

> 那种昂贵的、无所不包的玫瑰色的血和乙醚水，在艺术的力量被打开之后，从那个伟大世界的天生儿子身边像水银那样（Azothically）[2]流出来。植物、动物和矿物也是通过相同的方式，而没有依靠任何其他方式，通过对其杂质的洗涤，而被提升到最高的自然完善状态，与大自然相一致，与艺术相依托。

384 在《智慧的水》中，那个“宏观世界之子”（哲人石）与耶稣基督相关，[3]而耶稣基督是微观世界之子，他的血就是那种精华，是红颜色的。这就是

> 真正的和本真的两性的墨丘利或巨人，[4]具有二位一

---

1 *Von hylealischen Chaos*, p.93; cf. also p.197.

2 关于水银（Azoth），请参见“The Spirit Mercurius,” supra, par.271。

3 *Mus. herm.*, p.118：“可以把耶稣基督与地上的石头相比较并相结合……它是耶稣基督之化身的一种显著的和像生命一般的意象。”

4 Psalm 19:5：“如同新郎出洞房，又如巨人欢然奔路”，早期基督教的著作家们认为这指的就是耶稣基督。

体物质的性质。……[1]本质的上帝、人、英雄等，身上有天国的精神，可以使万物复活……他是所有不完善的身体和人的唯一完善的治疗者，是灵魂的真正的天国医生……是三位一体的万能的本质，[2]他被称为耶和华。[3]

385 炼金术士们的这些颂文常常被视为不得体的例子，或者像狂热的幻想那样荒谬，这使人深感遗憾——在我看来，这似乎是极不公平的。这些炼金术士是一些严肃的人，只有当我们严肃认真地看待他们时，才能够理解他们，无论这可能会对我们自己的偏见造成多么大的打击。他们的意图绝不是要把他们的石头提升到世界救星的地位，他们也不是像我们在梦中所做的那样，有目的地把全部已知和未知的神话都偷偷地放到他们的石头里面。他们只是在关于物体的观念中发现了这些性

1 本文在这里指的是《圣经》中的《马太福音》第26章，显然是指第26节及以后，最后的晚餐。[“二位一体物质的巨人”(*geminae gigas substantiae*)这个短语似乎由圣安布罗斯第一次使用，在其圣诞节赞美诗的第19行，这首诗的开头是“走向以色列之王”。相关的诗节是尼尔(J. M. Neale)翻译的，*Collected Hymns, Sequences and Carols*, p.104:“从他的房间里被解放出来，/纯洁的皇家大堂，/真正的二位一体物质的巨人，/他命中注定的道路他兴高采烈地走下去。”——A. S. B. G.]

2 “Aquarium sapientum”这篇文章的匿名作者还不太清楚这种三位一体的本质，因为他说，它是“一，一种神圣的本质，然后它是二，由上帝和人组成，也就是说，它与三个人有关，它也是四，即三个人和一个神圣的本质，它也可以是五，由三个人和两种本质组成，即一种是神圣的本质，一种是人的本质”(p.112)。宏观世界之子似乎相当大地放松了这个信条。

3 “Aquarium sapientum,” pp.111f.

质：物体由四种成分组成，能把所有对立物都统一起来。就像做了一个印象异常深刻的梦，然后又遇到了与此完全相符的未知神话的人一样，他们对这一发现深感惊异。因此，难怪他们会认为这块石头或红颜色（他们真的相信这是可以产生的）具有他们在这种物体的观念中所发现的所有的性质。这样我们就比较容易理解，这种论述是完全具备炼金术特点的思维方式。它在上述《智慧的水》引文的同一页出现过，原话是这样说的：

> 我认为，即便这个地上的石头和哲人石，连同其构成材料，有很多不同的名称，实际上据说有一千个名称，由于这个原因，也可以认为这是很令人惊异的，即便如此，这些以及其他以前曾经提到过的名称和称号，都可以非常恰当地，而且实际上是在最大程度上适用于全知全能的上帝和最高的善。

作者显然绝对没有想到，他只不过是把上帝的特性转移到这块石头上了，而我们带有偏见的观点会迅速如此设想。

386 显而易见，对炼金术士们来说，这块石头也是一种原始的宗教体验，作为善良的基督教徒，他们必须与自己的信念相一致。这可以说明作为微观世界之子的耶稣基督和作为宏观世界之子的哲人石之间的那种模糊不清的同一性或平行论，甚至一方对另一方的替代。

387 哲人石和耶稣基督之间的类比可能是玫瑰花的秘诀借以进入炼金术的桥梁。这一点首先从使用“玫瑰园”或“栽植玫瑰的人”作为书名就可以看出。第一本《玫瑰园》在1550年第一次印刷（另有几本以此为名的著作），可能多半是阿纳尔都斯·德维拉诺瓦撰写的。它是一本汇编，其历史成分尚未分类整理出来。阿纳尔都斯生活在13世纪后半叶。他也被认为是玫瑰园中的一员（*Rosarium cum figuris*），在那里玫瑰花是国王与王后之间关系的象征。读者将在我的《移情心理学》中发现对此所做的详细论述，那本书再现了《玫瑰园》中的图像。

388 在马奇堡的梅希特希尔德的书里，玫瑰花也具有相同的意思。耶稣基督曾对她说过话，是这样说的：“看看我的心脏，看一看吧！”一朵有五个花瓣的最漂亮的玫瑰花覆盖着他的整个胸膛，耶稣基督说道：“赞美我的五种感觉吧，它们是用这朵玫瑰花来表示的。”正如后来人们所解释的，这五种感觉就是耶稣基督对人表示爱的一种工具（例如，“通过对气味的感觉，他必然会产生对人的某种爱的感情”）。[1]

389 在精神的意义上说，玫瑰花就像香料园（*hortus aromatum*）、[2]闭锁的园（*hortus conclusus*）[3]和蔷薇圣母（*rosa mystica*）[4]一样，

1 *Liber gratiae spiritualis*（Venice，1578），pp.107f.

2 Alan of Lille，*Elucidatio in Cant. Cant.* 6（Migne，*P. L.*，vol.210，col.95）.

3 Ibid.，col.82.

4 洛雷托的连祷文。

是圣母玛利亚的一种象征，但是在世俗的意义上讲，它是受人们爱戴的、诗人的玫瑰花，是那个时代的“对爱的忠诚”（fedeli d'amore）。正如圣母玛利亚在圣伯纳德[1]那里是“地球中心”（*medium terrae*）的象征，在赫拉班[2]那里是“城市”的象征，在戈弗雷、阿德蒙特的阿博特那里是“堡垒”[3]和“神圣智慧之屋”[4]的象征，以及在里尔的阿兰那里是“高擎旗帜的军队”（*acies castrorum*）[5]的象征一样，玫瑰花也具有曼荼罗的意义，从但丁《神曲·天堂篇》中的天国玫瑰就清晰可见。和与它等同的印度莲花一样，玫瑰花显然是女性。在马奇堡的梅希特希尔德那里，必须把它理解为她自己的女性厄洛斯向耶稣基督的投射。[6]

390 炼金术的救赎者的玫瑰色的血[7]仿佛是从关于玫瑰的神秘传说中派生而来，这个神秘传说渗透在炼金术之中，它以红颜色的形式表达了某种厄洛斯所具有的治愈作用或整体性作用。这种象征有如此奇怪的具体形式，对这种具体形式可以用心理学概念的缺失来解释。因此多恩必定会把玫瑰色的血理解为与平常的血相反的“植物性质”，而平常的血则是一种“植物

1 *Sermo II in Festo Pentecostes*（Migne，*P. L.*，vol.183，col.327）.

2 *Allegoriae in Sacram Scripturam*（Migne，*P. L.*，vol.112，col.897）.

3 *Homilia III in Dominicam I Adventus*（Migne，*P. L.*，vol.174，col.32）.

4 *Homilia LXIII in Vigiliam Assumptionis*（ibid.，col.957）.

5 *Elucidatio*（Migne，*P. L.*，vol.210，col.94）.

6 参见关于上帝之吻的那一章，其中也有一种相似的投射（*Liber gratiae*，p.90）。

7 那种血，即狮子的血，它等同于犹大支派的狮子（=耶稣基督）。

物质”。如其所言，石头的灵魂就在其血液之中。既然石头代表的是整体的人，[1]那么，多恩在讨论神秘物质及其血汗时，说这是“最纯粹的人”(putissimus homo)，就是符合逻辑的，因为实际上就是这么回事。**他**就是那个奥秘，那块石头及其相类似的东西或者预兆就是客西马尼花园里的耶稣。[2]这个“最纯粹的”或“最真实的”人必定就是他的本来面目，正如“纯粹的银”(argentum putum)是纯银一样；他必定完全是个人，一个知道和拥有人类一切的人，而且不受任何外部影响或杂事干扰。这个人只有“在最后审判日”才会在地球上出现。他不可能是耶稣基督，因为耶稣基督已经通过他的血把世界从堕落的后果中救赎出来了。[3]耶稣基督可能是“纯粹的人”(purissimus homo)，但他并不是“最广义的纯”(putissimus)。虽然他是人，但他也是上帝，不是纯银，而是金子，因此不“纯”(putus)。这里绝不是一个关于未来的耶稣基督和微观宇宙拯救者的问题，而是关于炼金术的宇宙的保护者(*servator cosmi*)的问题，他代表仍然处于潜意识状态的关于整体和完善的人的观念，他将

1 Cf. Psychology and Alchemy, “The Lapis-Christ Parallel,” and *Aion*, ch.5.

2 Luke 22:44:“汗珠如大血点滴在地上。”

3 [这篇文章继续说道:“人们从未听说过他的血是玫瑰色的。”但是，在一首著名的圣歌中有趣地提到“通过品尝他玫瑰色的血，我们与上帝同在”，这首圣歌的开头写道“我预见羊羔的晚餐”，这首圣歌曾被认为是圣安布罗斯写的，但是，现在被否认了，它仍可追溯到6世纪或7世纪初。在过去的很多世纪，它是复活节时期在罗马教堂里晚祷时唱的礼拜堂圣歌。Cf. Neale, *Collected Hymns*, p.194.——A.S.B.G.]

带来耶稣基督的牺牲显然未能完成的东西，即把世界从邪恶中解救出来。和耶稣基督一样，他将流出救赎的血，但是，作为一种“植物性质”，它是“玫瑰色的”；不是自然的或平常的血，而是象征的血，一种心理本质，是某种厄洛斯的表现，它以玫瑰为标志，把个体与一大群人结合在一起，并且使他们成为整体，因而是一种万应灵药和解毒药。

391　16世纪后半叶见证了玫瑰十字会运动的肇始，其箴言——十字玫瑰（*per crucem ad rosam*）——早已被炼金术士们预见到了。歌德在其诗歌《论神秘》中很好地把握住了这种厄洛斯的情绪基调。这些运动，以及有着情绪色彩的基督教博爱观念的出现，[1]必然预示着它们想要予以补偿的某种相应的社会缺陷。从历史的观点来看，我们可以相当清楚地看到这种缺陷在古代世界是什么样的；以及在中世纪，由于其残忍的、不可靠的法律和封建状况，人权和人的尊严处于困窘境地。人们会认为，在这些情况下，基督教之爱的观念的提出恰逢其时。但是，如果它是盲目且缺乏洞察的呢？为那头有过失的羊的精神福祉而感受到的担忧，甚至可以解释托克马达的行径。如果爱中没有包含着理解，那么这种爱本身也是无用的。为了恰当地使用理解，就需要有更广泛的意识，有更高级的观点来开阔人的眼界。这就是为什么作为一种历史力量的基督教并没有满足

1　Cf. I Cor. 13:4ff.

于劝诫人们爱其邻居，它还完成了一种不可能高估的、更高级的文化任务。它教育人们应该有更高级的意识和责任。诚然，就此而言爱是需要的，但是，爱应该与洞察和理解结合起来。其功能是照亮那些仍然处于黑暗状态的区域（这是一些处于外部世界的区域和处于内部心理世界的区域），并且把它们添加到意识之中。爱越是盲目，它就越是本能的，它就越是伴随着破坏性后果，因为它是一种需要形式和方向的动态活力。因此，一种起补偿作用的逻各斯作为一种在黑暗中闪耀的光而加入其中。一个对自己完全没有意识的人是以盲目的、本能的方式作为的，另外，当他发现，在他自己身上没有意识到的一切作为对其邻居的投射而从外部向他迎面扑来时，他就会受到所有幻想的愚弄。

8. 炼金术之心灵

392 炼金术士们对这种心态似乎略有所知；至少掺杂在他们的炼金制作过程中。早在14世纪他们就发现，他们正在寻找的东西不仅使他们回想起各种形式的神秘物质、治疗方法和毒药，而且使他们回想起各种活的东西，植物和动物，最后，还使他们回想起一些奇怪的神话人物，小矮人、地球之魂或金属之魂，甚至诸如上帝之类的事物。因此，在14世纪上半叶，费拉拉的佩特鲁斯・博努斯写道，拉西斯在一封信中说：

哲学家们用这块石头把自己提升到所有其他事物之上，并预言未来。他们不仅做一般性的预言，而且也做特殊预言。所以他们知道审判日和世界末日终将到来，死者将要复活，此时每一个灵魂将要与其前世的身体相结合，永远也不会再分开。此时每一个荣耀的身体将得到改变，具有不腐烂性和光辉，以及一种几乎令人难以置信的精妙，它将穿透所有的固体，[1]因为它的性质在此时将成为灵魂和身体的性质。……当它变得潮湿了，并且好几个晚上都处于那种状态下时，它的性质就像是一个死人，此时那个东西就需要火，直到那个身体的灵魂被抽取出来，并且彻夜处在那种状态，就像坟墓里的人一样变成尘埃。当所有这一切发生时，上帝将把其灵魂和身体归还给它，并且取走它的不完善；此时那个事物将得到强化和改进，就像在复活之后，一个人变得比他过去在这个世界上更强大和更年轻一样。……所以哲学家们看见了在这门艺术中最后的审判，即这块石头的萌发和诞生，它是超自然的而不是理性的；因为在那一天即将升天的灵魂将通过精神的沉思而与其以前的身体结合在一起，达到永恒的荣耀。……所以从事这门艺术的老哲学家们也知道并坚持认为，一个

1　这是暗指“Tabula smaragdina”:“这是所有力量中那种强大的力量，因为它将克服一切精妙的事物，并穿透每一个固体。”(*De alchemia*, p.363)

处女必定会怀胎和产子，因为在他们的艺术中，这块石头是自己怀胎，有了身孕，并且把自己生出来的。……而且，因为他们看见了这种超自然的概念，这块石头的怀胎、诞生和养育，所以他们得出结论认为，一个还是处女的女人无需男人就可以怀胎，有身孕，并且以超自然的智慧生育，还保持着像以前一样的处女之身。……正如阿尔费迪乌斯所说，这块石头被丢弃在大街上、被提升到云端、居住在空中、在溪流中饮食、在山顶上休息。其母是个处女，其父对女人一无所知。哲学家们还知道，在这门艺术的最后一天，上帝必定会变成人，这项工作的完成便依赖于此；生者和被生者完全变为一体；此时所有旧的事物都变成了新事物。[1]上帝自己把这种权利委托给他的哲学家和预言家，他已经在其天国里为他们的灵魂准备了一个居住之地。[2]

393 正如这段文章非常清晰地阐明的，佩特鲁斯·博努斯发现，炼金术的作品从特征上预见到了救赎者的出现、诞生和复活，因为他非常相信，这门艺术的古代权威们，如赫尔墨斯·特

1 关于阿尔费迪乌斯，人们所知甚少。他是一个经常被引用的作者，可能生活在12—13世纪。(Cf. Kopp, *Die Alchemie*, II, pp.339, 363)

2 "Pret. marg. nov.," *Bibliotheca chemica*, II, p.30. 据说这篇文章形成的时间是1330年。在1546年第一个出版了这篇文章的亚努斯·拉齐尼乌斯说，(fol.70ʳ) 博努斯"大约1338年居住在伊斯特拉半岛的波拉市"，(fol.46ᵛ) 他是雷蒙德·卢利(1235—?1315)的同时代人(*coaetaneus*)。

利斯墨吉斯忒斯、摩西、柏拉图等人，很久以前就熟知整个过程，因此曾先知先觉地预见到即将到来的耶稣基督的救赎。他并没有意识到，情况可能恰恰相反，炼金术士们在利用教会的传统，因而使他们的操作活动接近于神圣传奇。其潜意识的程度远非仅仅让人感到吃惊：它是具有启发意义的。这种不同寻常的盲目向我们表明，在其背后一定有一种同样强有力的动机。博努斯并不是唯一一个做出这种声明的人，虽然他是第一个；在此后的三百年里它得到了越来越广泛的传播，也冒犯了一些人。博努斯是一位非常博学的学究，除其宗教信仰，他在理智上非常有可能认识到他的错误。但是，驱使他产生这种看法的是下述观点，他确实是在利用一种远比教会传统更古老的来源：当他反复思忖在制作过程中发生的化学变化时，他的心中充满了与原型和神话相似的东西和解释，就像发生在那些古老的多神教炼金术士身上的事情一样，在今天，当想象在观察和研究潜意识的产物时得以自由发挥时，这种情况也会发生。在这种情况下各种形式的思想都会出现，人们便会发现其中包含着一些与神话主题，包括基督教主题，相类似的东西；这些相似性或许是从一开始人们绝对没有猜想到的。因此，正是这些古代的炼金术士（他们对化学物质的性质一无所知），产生了一个接一个的困惑：他们不得不服从充斥在其心灵之空虚黑暗中的神秘观念的那些压倒一切的力量。从这些深处逐渐浮现出一束光亮，使他们明白了这个过程的本质及其目标。由于他们对物质的法则一无所知，所以它的行为并不会与他们的原型概念相冲突。不出预料，有时他们也会附带地做出一些化学发现；但是，他们真正发现的，他们无尽的幻想之源，是自性化过程的象征作用。

394 佩特鲁斯·博努斯不得不承认，以完全不同的方式发现的炼金术的象征，与基督教关于救赎的故事中的象征非常一致。在炼金术士们力图理解物质的奥秘时，他们未曾预料地坠入潜意识之中，这样一来，虽然最初他们并没有觉察到，但他们成为了潜藏着基督教象征作用的过程的发现者。不过几百年的时间，其中那些更有思想的人就认识到，寻找这块石头究竟是为了什么。最初是犹豫不决地，根据一个接一个的暗示，然后才准确无误地，他们明白了这块石头与人自己的同一性，与实际上可以在他内心深处发现的一种超乎寻常的因素的同一性，与多恩的“内在性质”的同一性，正如我在其他地方所表明的，今天可以毫不费力地把它与自性相认同。[1]

395 炼金术士们力图以各种不同的方式接受哲人石—耶稣基督的类比。他们并没有找到解决这个问题的方式；只要他们的概念语言没有摆脱向物质的投射，没有成为心理学的语言，这个问题就不可能得到解决。在随后的几百年里，随着自然科学的发展，投射才从物质中撤出来，才和心灵一起被完全废除

1 *Aion*, pp.164f.

了。意识的这种发展尚未终结。确实,再也没有人会认为物质具有神话学的性质。这种投射形式已经被淘汰了。现在,投射仅限于个人和社会关系,限于政治乌托邦之类的事情。大自然已经不再害怕以神话解释的形式表现出来的任何事物,但精神领域当然还有这种担忧,尤其是那个通常以“形而上学”为名的领域。在那个领域,宣称要表达绝对真理的基本神话主题仍然在相互纠缠不休,而任何一个用相当庄重的话语来粉饰其基本神话主题的人都相信,他做出了一个有效的声明,甚至心甘情愿地抛下了我们人类有限的理智所具备的谦恭,这种理智知道它不知道。这种人甚至认为,每当有人敢于把原型投射解释为人类的声明时,上帝本人就会受到威胁,任何有理性的人都不会认为这些投射不代表任何事物,而是认为,即便炼金术士最愚蠢的声明也有其意义,尽管这并不是他们自己(只有少数例外)想要赋予其象征的意义,而是只有未来才能阐明的意义。每当我们不得不应对基本神话主题时,我们最好设想,它们的意思要比它们看起来想要表达的更多。正如梦不会隐藏已知的事物,或者在某种伪装之下来进行表达,而是力图尽可能清晰地阐述一种仍然处在潜意识状态的事实一样,神话和炼金术的象征也不是隐藏人造秘密的神话即历史的寓言(euhemeristic allegories)。相反,它们寻求把自然的奥秘转化成为意识的语言,并且宣称这是人类共有的真理。由于变得有意识了,个体越来越多地受到疏离的威胁,但是,这种威胁是意识分化的必要条件。这种威胁越大，通过人类所共有的集体象征和原型象征的产生所获得的补偿就越多。

396 通常这个事实是通过宗教表现出来的，在宗教中个体与上帝或诸神的关系保证，起调节作用的意象和潜意识的本能力量的至关重要的联系不会被打破。诚然，只有当宗教的观念没有失去其超自然性，即它们那令人激动震颤的力量时，情况才会这样。一旦这种损失出现，就绝不可能用任何理性的东西来偿还。这时对原始意象的补偿就会以神话观念的形式出现，例如炼金术大量产生的神话观念，以及在我们自己的梦中也可以发现的神话观念。在这两种情况下，意识以同样独特的方式对这些启示做出反应：炼金术士将其象征还原为他所制作的化学物质，而现代人则把它们还原为个人的经验，弗洛伊德在释梦时也是这样做的。从两者的行为表现来看，他们仿佛知道，其象征的意义能够被还原到何等已知的程度。在某种意义上说，两者都是正确的：因为正如炼金术士陷入他自己的炼金术的梦语言中一样，处于自我陷阱中的现代人将其个人的心理问题用作一种语言方式(*façon de parler*)。在这两种情况下，表征材料都派生于现存的意识内容。但是，这种还原的结果并不太令人满意——实际上，结果令人如此不满，以致弗洛伊德发现自己不得不尽可能远地追溯到过去。在这样做时，他终于碰上了一个不常见的神秘观念，乱伦的原型。他由此发现，有一种东西可以在某种程度上表达象征产生的真实意义和目的，那就是，使人觉察到属于所有人并且因而能够把个体从疏离中引领出来的那些原始意象。弗洛伊德那种教条式的僵化可以用下述事实来解释，他受到了他所发现的这种原始意象的神秘作用的影响。如果我们像他那样，假设乱伦主题是所有现代人心理问题的根源，也是炼金术象征作用的根源，这就会使我们根本无法理解象征的**意思**。相反，我们使自己进入了一个死胡同，因为我们只能说，所有的象征作用，现在的和将来的，都源自原始的乱伦。这正是弗洛伊德的真实思想，因为有一次他曾对我说过："我只是觉得奇怪，当人们普遍认识到神经症患者的象征是什么意思后，他们在将来会怎样做。"

397 象征的意思要比人们仅凭一瞥之见所知道的多得多，对我们来说这是很幸运的。其意义就存在于下述事实之中：它们是对一种不适当的意识态度的补充，那是一种不能实现其目标的态度，而如果它们被理解，那么它们就能使意识态度实现其目标。[1]但是，如果它们被还原成某种其他的事物，人们就无法解释它们的意思。这就是为什么一些后期的炼金术士，尤其是在16世纪，厌恶所有世俗的物质，并且用"象征的"物质取而代之，因为这些"象征的"物质可以使原型的本质被人们模模糊糊地认识到。这并非意味着，炼金术士停止了实验室的工

1 由于原型象征是超自然的，所以，即便人们不能在理智上把握住它们，它们仍然会发挥某种作用。

作，而只是说，在他把贱金属转变成为金银时，他密切注视着象征方面。这与现代潜意识心理学中的情境完全一致：个人的问题并没有受到忽视（病人自己就非常关注！），但分析师密切注视着他们的象征方面，因为只有使病人超越他们自己，使他们不再纠缠于自我之中，才有可能治愈。

9. 树的诸方面

398 对炼金术士来说，树意味着什么，这既不能通过单一的解释来确定，也不能凭借单一的文本来确定。要想发现这种意义，就必须对大量的来源进行比较。因此我们将转而对树做进一步的说明。对树的描绘常常见于中世纪的文本中。有些文本在《心理学与炼金术》中得到了呈现。有时原型就是天国里的那棵树，树上挂着的不是苹果，而是太阳和月亮之果，就像迈克尔·梅耶在《赫尔墨斯文集博览》那本论著中描述的那些树一样；[1]或者说，它是一种圣诞树，用七颗行星装饰着，周围是炼金过程的七个阶段的象征。站在树下的并不是亚当和夏娃，而

1 P.702. Cf. "Symbolum Saturni," in Mylius, *Phil. ref.*, p.313："我被领到一片离此不远的草地上，草地上有着一个长着各种树木的奇异花园，是我见过的最好的。在这些树中，他给我看了七棵可以用名称区分出来的树；我看到了其中两棵最有名的树，它们比别的树都高大。其中一棵树上长着一种水果，就像最明亮、最光辉灿烂的太阳，而且它的叶子就像金子一样。但另一棵树结出的则是颜色最白的水果，比百合还要洁白明亮，它的叶子就像水银一样。它们被尼普顿命名为太阳树和月亮树。"

是作为老人的赫尔墨斯·特利斯墨吉斯忒斯和作为年轻人的炼金术士。在赫尔墨斯·特利斯墨吉斯忒斯后面是坐在狮子身上的太阳之王，旁边是一条喷火的龙，在炼金术士后面是坐在鲸身上的月亮女神戴安娜，旁边有一只鹰为伴。[1]这棵树通常都有树叶，而且是活着的，但有时也相当抽象，明确地代表这个过程的某些阶段。[2]

399 在瑞普利的《卷轴》[3]中，天国的蛇以梅露西娜的形式居住在树顶上——"desinit in [anguem] mulier formosa superne"。[4]它和一个并非与《圣经》有关，而是与原始人或萨满教有关的主题结合在一起：有一个人，可能是一个炼金术士，爬树已爬到一半了，他遇到了从上往下而来的梅露西娜或莉莉丝。攀爬这棵魔树就是萨满教僧人奔向天国的旅程，在这个过程中他遇到了其天国的配偶。在中世纪的基督教中，萨满教的阿尼玛被转换成为莉莉丝，[5]根据传说，她是天国的蛇和亚当的第一个妻子，她和他生了一群魔鬼。在这幅画中，原始的传说和犹太—基督教的传说交叉在一起。我从未在我的病人所作的画中见

1 *Psychology and Alchemy*, Fig.188.

2 Ibid., Figs.122, 221.

3 Ibid., Fig.257. [Cf. supra, Fig.B5]

4 "一个裸露上半身的漂亮女人，她变成了一条[蛇]。"（"蛇"是我对"鱼"的改编。）一座晚期希腊风格的伊希斯雕塑表明，她是一个美丽的女神，背景墙上饰有王冠，她举着一个火把，但她的下半身变成了神圣的毒蛇（*uraeus*）。

5 典型的表征可以在乔治·瑞普利爵士的《卷轴》中发现，他是布里德灵顿的教士（Canon of Bridlington），很可能是英国最重要的炼金术士（1415—1490）。

到过爬树的主题，而只是作为梦的主题遇到过它。在现代人梦中出现的上升和下降主题主要与山或建筑物有关。有时则与机器（如电梯、飞机等）有关。

400 没有叶子的树或死亡的树的主题在炼金术中并不多见，但可以在犹太—基督教传统中发现，即那棵在堕落后死亡的天国之树。一个古老的英国传奇[1]描述了塞特在伊甸园中看到的一切。在天国的中央冒出一股闪闪发光的泉水，四条溪流由此流出来，浇灌着整个世界。在泉水之上矗立着一棵大树，上面有很多大大小小的树枝，但它看上去像是一棵老树，因为它没有树皮也没有树叶。塞特知道，这就是他的父母吃掉了其水果的那棵树，由于这个缘故它现在光秃秃地矗立在那里。再仔细一看，塞特发现，有一条没有皮的裸蛇[2]盘绕在树上。这就是曾劝说夏娃吃掉禁果的那条蛇。当塞特再看天国时，他发现那棵树经历了很大的变化。现在它长出了树皮和树叶，在其树冠上有一个用襁褓裹着的新生的小婴儿，他因为亚当的罪孽而恸哭不已。这就是耶稣，第二个亚当。他是在树顶上被发现的，在亚当的身体中生长出来，代表耶稣的血统。

401 另一个炼金术的主题是截去顶端的树。在弗朗西斯科·科隆纳的《寻爱绮梦》（威尼斯，1499）的法文版（1600）的

1 Horstmann, *Sammlung altenglischer Legenden*, I, pp.124ff.

2 这棵树没有树皮和这条蛇没有蛇皮表示两者之间的同一性。

卷首插画中，它构成了与那只砍掉爪子的狮子相匹配的东西；[1]后者在罗伊斯纳的《潘多拉》(1588)中作为炼金术的一个主题而出现。曾深受犹太神秘教义影响的布莱斯·德·维吉尼亚(1523—?1569)，说到过发出一种红色的死亡光束的“死亡之树的树干”(caudex arboris mortis)。[2]“死亡之树”是“棺材”的同义词。“砍下这棵树并且在里面放上一个年纪很大的人”，[3]这个奇怪的说法完全可以在这个意义上进行理解。这是一个非常古老的主题，在古埃及关于巴塔(Bata)的故事中出现，在第十九王朝的纸莎草纸上保留下来。在这个故事中，主人公将其灵魂放在一棵金合欢树最顶端的花朵中。当这棵树被居心叵测地砍倒之后，他的灵魂再次以种子的形式被发现。死去的巴塔与此一起复活。当他第二次以公牛的形式被杀死之后，有两棵鳄梨树从血液中长出来。但是当这些树被砍倒之后，一片木屑使女王怀了孕，她生了个儿子：他就是重生的巴塔，他后来变成了法老，一种神圣的存在。显而易见，在这里树就是一种转换的工具。[4]维吉尼亚的“树干”类似于《寻爱绮梦》中被

1 *Psychology and Alchemy*, Fig.4. 肢体残缺这个主题出现在“Allegoriae super librum Turbae,” *Art. aurif.*, I, pp.140, 151。这些切断和所谓的阉割情结无关，而指的是分割这个主题。

2 “De igne et sale,” *Theatr. chem.*, VI(1661), p.119.

3 Hoghelande(*Theatr. chem.*, I, 1659, p.145)谈到*Turba*, Sermo LVIII(ed. Ruska, p.161)：“到那棵白色的树跟前，在它周围建造一座圆形的、覆盖着露水的黑暗房子，在里面放上一个年纪很大的人，一个一百岁的人。”这个老人就是萨杜恩=作为原初物质的铅。

4 Flinders Petrie, *Egyptian Tales*, 2nd series, XVIIIth to XIXth dynasty, pp.36ff.

截去顶端的树。这个意象完全可以追溯到卡西奥多罗斯，他把耶稣比喻为“一棵在其受难中被砍倒的树”。[1]

402 更常见的情况是，树看起来长着花朵和果实。阿拉伯的炼金术士阿布尔·卡西姆（13世纪）把它的四种花描述为红色、白色和黑色之间的颜色、黑色、白色与黄色之间的颜色。[2]这四种颜色指的是在炼金过程中被结合在一起的四种元素。作为整体象征的四位一体的意思就是，炼金过程的目标是生产出一种包罗万象的统一体。两个四位一体，即八位一体这个主题在萨满教中与世界之树是联系在一起的：那棵有八个树枝的宇宙之树随着第一位萨满教巫师的创生而同时被种下。八个树枝与八个伟大的神祇相对应。[3]

403 对于结果实的树，《特巴》有很多话要说。[4]它的果实是一种特殊的果实。《阿里斯勒斯的幻想》曾说到过“这种最宝贵的树，谁要是吃了它的果实，就绝不会饥饿”。[5]在《特巴》中与此相对应的话是这样表述的：“我说，那位老人不会停止吃那棵树上的水果……直到他变成了一个年轻人。”[6]这些水果在这里等同于《约翰福音》6:35中的生命之粮，但是它们的意思还

1 相当于阿提斯的松树。

2 *Kitāb al-'ilm al-muktasab*, ed.Holmyard, p.23.

3 Eliade, *Shamanism*, pp.70—187.

4 Pp.127, 147, 162.

5 Codex Q. 584 (Berlin), fol.21^{v} (Ruska, *Turba*, p.324).

6 Sermo LVIII, Ruska, p.161.

可以超越于此，而追溯到埃塞俄比亚的《以诺书》(公元前2世纪)，据说在西方极乐世界，树上的果实将会成为被选之民的食物。[1]这显然是对死亡与复活的一种暗示。它并非总是树的果实，也可以是麦粒(*granum frumenti*)的果实，不朽的食物就是在这里准备出来的，正如在《曙光乍现》第一部中所说："因为维持生命的食物是从这种麦粒的果实中制作出来的，它来自天国。"[2]吗哪、上帝和万应灵药在这里构成了一种深不可测的混合物。关于奇迹般的精神食物的相同观点在阿里斯勒斯的幻想中提到过。据说在他的幻想中，哈佛塔斯，"毕达哥拉斯的一个徒弟"和"制作食物的人"，过来帮助阿里斯勒斯及其伙伴，显然带着在鲁斯卡版的柏林抄本Q. 584中提到的那种树上的果实。[3]在《以诺书》中，智慧树上的果实被比作葡萄，鉴于在中世纪哲学树有时被称为一种葡萄树，[4]这倒是很有意思，参见《约翰福音》15:1，"我是真葡萄树"。树上的果实和种子也被称为太阳和月亮，[5]天国里的两棵树与此相对

---

1 Charles, *Apocrypha and Pseudepigrapha*, II, pp.204f. "具有生命和血液的不朽的果实"就是用这棵太阳与月亮之树的果实制作而成的。"血液使所有不结果实的树结出了和苹果同样性质的果实。"(Mylius, *Phil. ref.*, p.314)

2 *Aurora Consurgens* (ed. von Franz), p.143.

3 *Turba*, p.324. Cf. *Psychology and Alchemy*, par.449.

4 就像在瑞普利的《卷轴》中所说："葡萄藤树。"

5 Maier, *Symb. aur. mens.*, p.269, 也请看格雷韦鲁斯的"Secretum"(*Theatr. chem.*, III, 1659, p.700)和弗雷莫的"Summarium philosophicum"(*Mus. herm.*, p.175)。Cf. Pordage, *Sophia*, p.10："在这里我看见了天国的果实与药草，我的不朽之人从此应该吃这些果实和药草并据此而生。"

应。[1]太阳和月亮之果实大概可以追溯到《申命记》33:13及以下（DV）："愿他的地蒙耶和华赐福……得太阳和月亮所带来的果实……[2]永世之岭的宝物。"劳伦修斯·文图拉[3]说："甜美的味道从这个苹果中发出，这个小苹果色彩斑斓"，伪亚里士多德在其《论亚历山大大帝》[4]中说："采摘这些果实吧，因为这棵树上的果实引领我们走进了黑暗并且穿越了黑暗。"这种自相矛盾的忠告显然暗指一种与流行的世界观不太一致的知识。

404 本尼迪克特·费古勒斯把这种果实称为"金苹果园的金色苹果，是从神赐的哲学树上摘取的"，[5]这棵树代表炼金术的产品，这棵树就是其结果，即金子，对此是这样说的："我们的金子不是寻常的金子。"[6]在《世界荣光》中的一句话给这种果实的意义投下了一道特殊的光亮："带上哲学家们说的那种火或生石灰吧，它是在树上长出来的，因为在那种［火］里上帝自己用神圣的爱进行燃烧。"[7]上帝自己就居住在太阳那火热的霞辉之中，看上去就像哲学树上的果实，因而是炼金过程的一种产物，

1　这些树也在亚历山大的传奇中出现过，是"太阳和月亮的最神圣之树，它们将向你们宣告未来"（Hilka，*Der altfranzösische Prosa-Alexander-Roman*，p.204）。

2　拉丁文《圣经》："太阳与月亮的果实。"炼金术士当然会把这句话视为权威性的。原始的文本，就像在AV中所说："……太阳所晒熟的美果，月亮所养成的宝物。"

3　*Theatr. chem.*，II（1659），p.241.（"苹果的香甜和绿苹果。"）

4　Ibid.，V（1660），p.790.（"树上的苹果带我们走过黑暗。"）

5　本书的书名有一部分是这样写的：炼金术黄金天堂……在那里……提供指示金苹果园的苹果是如何从树上掉下来的，等等。

6　Senior，*De chemia*，p.92.

7　*Mus. herm.*，p.246.

其过程是以树的成长作为象征的。如果我们记住，炼金过程的目标就是从自然生产的链条中传递出世界灵魂，即上帝那创造世界的精灵，那么这种奇怪的说法也就不令人感到奇怪了。在这里这种观点激活了树木诞生的原型，我们主要是从埃及和密特拉文化领域中认识这一点的。一种在萨满教中流行的概念是，世界的统治者就居住在世界之树的顶端，[1]可以把基督教关于救世主在生物谱系树顶端的表征看作是与此相类似的表述。在图27中，女人的头“像一朵花的雌蕊”而升起来，可以与（德国）奥斯特布尔肯的密特拉救济院相比较。[2]

405 有时候树非常小而年轻，就像是“麦粒的小树”（grani tritici arbuscula），[3]有时则很大而且古老，像一棵大橡树[4]或世界之树的样子，因为它把太阳和月亮作为它的果实。

10. 树的产地

406 哲学树通常是独自生长的，根据阿布尔·卡西姆的观点，它长在西方国土的“大海之上”，意思可能是在一座岛屿上。炼金术士的那种神秘的月亮植物“就像是一棵种在海上

1 Eliade, *Shamanism*, pp.70f.

2 Cumont, *Textes et Monuments figurés relatifs aux mystères de Mithra*, II, p.350, and Eisler, *Weltenmantel und Himmelszelt*, II, p.519.

3 “Instructio de arbore solari,” *Theatr. chem.*, VI (1661), p.168.

4 Bernardus Trevisanus, *Theatr. chem.*, I (1659), p.706.

的树”。[1]在米利乌斯的一则寓言中，[2]太阳和月亮之树矗立在海中的一座岛屿上，是从奇妙的水中长出来的，这种水通过磁力而从太阳和月亮的光辉中被抽取出来。坤拉斯说：“从这个有咸味的小泉水中也长出了太阳和月亮之树，我们的大海里的红色和白色的珊瑚树。”[3]在坤拉斯那里，盐和海水在所有的事物中代表母亲索菲亚，智慧之子，即哲学家，喝的就是她的奶。阿布尔·卡西姆可能非常熟悉波斯传统［他的姓阿尔—伊拉齐（al-Iraqi）也使他在地理位置上更接近于波斯］，尤其是熟悉《班达希经》中关于树的传说，这棵树长在名为瓦卢卡莎（Vourukasha）的大海中，或者是那棵长在潮湿的大地之母泉水中的生命之树。[4]

407 树（或神奇的植物）在山上也有其居住之地。既然人们常常把《以诺书》中的意象当作一个例子，那么就应该提到，在那本书里西方世界的那棵树是矗立在山上的。[5]在《女先知玛利亚的实践》[6]中，这种神奇的植物被描述为“长在山上

1 “Allegoriae super librum Turbae,” *Art. aurif.*, I, p.141. 显然指的是一座岛屿上的金苹果园的树，在那里也发现了神仙食物（ambrosia）的源头和龙。参见珊瑚树（ibid., p.143）和*Psychology and Alchemy*, par.449。在*Livre d'Heures du Duc de Berry*中，天国被表示为大海中一座圆形的岛屿。

2 *Phil. ref.*, p.313.

3 *Hyl. Chaos*, p.270.

4 Windischmann, *Zoroastrische Studien*, pp.90, 171.

5 或许是为了纪念闪米特人的繁殖女神阿施塔特在山上的圣殿。Cf. Charles, *Apocrypha and Pseudepigrapha*, II, pp.204f.

6 *Art. aurif.*, I, p.321.

的”。在《火书》[1]中关于奥斯坦尼斯的那篇阿拉伯论著说：“它是一棵长在山顶上的树。”树与山的关系并非偶然，而应归因于两者之间那种原始而又广泛流传的同一性：两者都被萨满教僧人用作其天国之途的目的。[2]正如我在其他地方表明的，山和树是人格与自我的象征；例如，耶稣基督既可以用山作为象征，[3]也可以用树作为象征。[4]通常这棵树矗立在花园里，显然是作为对《创世记》的提醒。因此那七颗行星之树是长在赐福岛的“私家花园”里的。[5]在尼古拉斯·弗雷莫（1330？—？1418）那里，“那棵受到最高度赞美的树”长在哲学家的花园里。[6]

408 正如我们已经看到的，树与水、盐和海水有某种特殊关联，因而和永恒之水有关联，和炼金术士们那种真正的奥秘（arcanum）有关。我们知道这就是墨丘利，不要把他和汞元素，即粗野的或世俗的墨丘利，相混淆。[7]墨丘利是那棵金属的

1 Berthelot, *Moyen âge*, III, p.117.

2 Eliade, *Shamanism*, pp.266f.

3 Epiphanius, *Ancoratus*, 40; St. Ambrose, *De interpellatione Job et David*, I, iv, 17（Migne, *P.L.*, vol.14, col. 818）：“一座既小又大的山。”

4 St. Gregory the Great, *Moralia in Job*, XIX, 1（Migne, *P.L.*, vol.76, col. 97）：“一棵将在我们心中培养起来的、结满果实的树。”

5 “Symposium Saturni,” in Mylius, *Phil. ref.*, p.313. 参见斯图狄乌斯隐修院的圣狄奥多尔为君士坦丁堡的圣保罗唱的赞美诗：“哦，最神圣的神灵啊，您在摇篮里兴旺地成长，就像在禁欲主义的花园里一个好看的植物；您发出令人快乐的香味，因结满了圣灵那最美好的苹果而垂下头。”（Pitra, *Analecta sacra*, I, p.337）

6 *Mus. herm.*, p.177.

7 Cf. “The Spirit Mercurius,” supra, par.255.

树。[1]他就是原初物质，[2]或者是其根源。[3]赫尔墨斯神（= 墨丘利）“用那种水浇灌他的树，用他的杯子使花朵长得高大”。[4]我之所以引用这段话，是因为它表达了这种微妙的炼金术观点：艺术家和奥秘是完全相同的。不仅使树得到成长，而且烧毁树的这种水[5]就是墨丘利，他被称为“双重的”，因为他在自己身上把对立物结合在一起，既是金属也是液体。因此他既被称为水，也被称为火。作为树的元气，他因而也如火一般（参见图15），也就是说，这棵树具有水和火的性质。在诺斯替教中，我们曾遇到过行邪术的西门·马古斯的那棵“大树”，它是由“超自然之火”构成的。“所有的人类都是由此而得到喂养的。”[6]它就像是在梦中出现在尼布甲尼撒面前的树。它的树枝和叶子被烧毁了，但是“果实在长出并成形后，被放进了一个谷仓里而没有被扔进火里”。[7]这个关于“超自然之火”的意象一方面与较早期赫拉克利特的“永生之火”相一致，另一方面

---

1 Flamel, *Mus. herm.*, p.177, also p.175.

2 “The Spirit Mercurius,” supra, pars.282ff.

3 Abu'l Qāsim, *Kitāb al-'ilm al-muktasab*, ed. Holmyard, p.23.

4 Ripley, “Duodecim portarum,” *Theatr. chem.*, II（1659）, p.113, and *Opera omnia*, p.86.

5 正如瑞普利所说，赫尔墨斯的树被“永恒的湿气”（humiditas maxime permanens）烧成了灰（ibid., p.39）。Cf. p.46：“在那种水的内部有火。”

6 Hyppolytus, *Elenchos*, VI, 9, 8ff.（Legge, II, p.5）

7 Ibid. 参见Coomaraswamy, “The Inverted Tree,” p.126，关于印度的类似表述：“从下面看这棵树是一个火柱，从上面看是一个太阳柱，而且整个就是一个气动的柱子；它是一棵光明之树。”提到柱子这个主题，其意义是很重大的。

与较晚期把墨丘利解释为火、解释为遍布整个自然界的植物精灵的说法相一致，既具有生命活力又具有毁灭性。那个“没有被扔进火里”的果实当然就是经受了考验的人，即诺斯替教“气动的”（pneumatic）人。有一个哲人石的同义词同样代表内部的、整合的人，就是“我们的粮食”（frumentum nostrum）。[1]

409 树常常被表征为金属，[2]通常是黄金。[3]它与七种金属的联系隐含着它与七颗行星的联系，这样树就变成了世界之树，其闪闪发光的果实就是星辰。迈克尔·梅耶认为，木质的部分是指墨丘利（水星），而（由四部分组成的）花朵是指萨杜恩（土星）、朱庇特（木星）、维纳斯（金星）和玛耳斯（火星），而果实是指太阳和月亮。[4]长有七根树枝（=七颗行星）的树曾在《曙光乍现》第二部[5]中提到过，而且与月树或贝里萨[6]相等同："其根部是含有金属的土地，其树干是带有一点黑色的红颜色；其树叶就像是牛膝草，根据月亮公转一周的周期，其树叶的数量为三十片；其花朵是黄色的。"由这种描述清晰可见，这棵树象征

---

1 "Gloria mundi," *Mus. herm.*, p.240.

2 墨丘利被称为"金属树"（arbor metallorum），对这个象征的解释，请参见 Dorn, "Congeries Paracelsicae," *Theatr. chem.*, I（1659）, p.508。

3 金树，"Scriptum Alberti," ibid., II（1659）, p.456; also Abu'l Qāsim, ed. Holmyard, p.54, and "Consilium coniugii," *Ars chemica*, p.211。

4 *Symb. aur. mens.*, p.269，关于格雷韦鲁斯的论述。

5 *Art. aurif.*, I, p.222.

6 这种植物最早起源于荷马的白花黑根魔草（see *Mysterium Coniunctionis*, p.133 and n.200）。Cf. Rahner, "Die seelenheilende Blume," *Eranos-Jahrbuch* XII（1945）, 117ff.

着炼金术的全部过程。因此多恩说道：[1]“故而把那棵[行星或金属的]树种下吧，把它的根归属于萨杜恩，让那个在树干和树枝里升上来的墨丘利和维纳斯把树叶和结着果实的花朵奉献给玛耳斯[2]吧。”当多恩说“大自然已经把那棵[金属]树的根种植在其子宫之中了”[3]的时候，其与世界之树的关系便昭然若揭了。

11. 颠倒的树

410 树经常被称为颠倒的树。[4]劳伦修斯·文图拉（16世纪）说：“其矿石的根在天空中，而其顶端在大地之中。而且，当把它们从那些地方撕开时，就会听到一种可怕的声音，随后便使人产生一种强烈的恐惧感。”[5]显然，文图拉想到的是曼德拉草，当把它和一只黑狗的尾巴拴在一起时，一旦把这种草从地里

---

1 “De tenebris contra naturam,” *Theatr. chem.*, I(1659), p.470.(“Plantetur itaque arbor ex eis[planetis s. metallis], cuius radix adscribatur Saturno, per quam varius ille Mercurius ac Venus truncum et ramos ascendentes, folia floresque fructum ferentes Marti praebent.”)

2 也就是说，奉献给白羊座，他的统治者是玛耳斯；因此是奉献给第一个春季星座。

3 “De genealogia mineralium,” *Theatr. chem.*, I(1659), p.574.

4 但丁在*Purgatorio*, XXII, 131ff中指的可能就是这个意思。

5 “Radices suarum minerarum sunt in aere et summitates in terra. Et quando evelluntur s suis locis, auditur sonus terribilis et sequitur timor magnus.”(“De ratione conficiendi lapidis,” *Theatr. chem.*, II, 1659, p.226)

扯出来，它就会发出尖叫声。同样，《世界荣光》也提到，哲学家们曾说过："其矿物之根在空中，而其头部在大地之中。"[1]乔治·瑞普利爵士说，树将其根置于空中；而在别的地方他说，它把根置于"荣光世界"之中，置于天国的大地之中或者置于未来的世界之中。

411 同样地，维吉尼亚声称，一个"拉比，即约瑟夫斯·卡尼图拉斯的儿子"曾经说过："每一个较低级结构的根基都附加在上方，而其顶端则位于下方，就像一棵颠倒的树。"[2]维吉尼亚具有某些犹太神秘教义的知识，在这里他把哲学树比作生命树（Sefiroth），后者实际上是一种神秘的世界之树。但在他看来，这棵树也有表示人的意思。他通过参照《雅歌》7:5（DV）中的词句证实了这个奇特的观点，即人以其发根嵌入天国之中，《雅歌》中说："你的头在你身上好像迦密山，你头上的发如王的紫黑色，被发绺系住了。"（*... comae capitis tui sicut purpura Regis vincta*[3] *canalibus.*）这些"发绺"是一些小管子，或许是某种头饰。[4]克诺尔·冯·罗森罗斯则持这种观点：这棵"大树"

1 *Mus. herm.*, pp.240, 270.

2 "Rabbi Josephi Carnitoli filius... inquit: fundamentum omnis structurae inferioris supra est affixum et eius culmen hic infra est sicut arbor inversa."（"De igne et sale," *Theatr. chem.*, VI, 1661, p.39）在*Prodromus Rhodostauroticus*（fol.V^v）中也说，古代人把人称为颠倒的树。

3 文本中错误地将"vincta"写作"iuncta"。

4 更准确的翻译，就像在RSV中那样："你头上的发是紫黑色，王的心因这下垂的发绺系住了。"

指的是提佛莱丝，即马尔除特的新郎。[1]上部的智慧大能被命名为“树的根部”，[2]而且生命之树就植根在智或理解之中。因为这棵树矗立在花园正中，因而它被称为中线（*linea media*）。通过这条可以说是智慧大能系统之树干的中线，它把生命从智或理解带到下界的大地上。[3]

412 人是一棵颠倒的树，这种观点似乎在中世纪很流行。人文主义者安德烈亚·阿尔恰蒂（死于1550）在其《浮雕装饰解说》中说：“自然科学家非常喜欢把人看作一棵倒立的树，因为一个是树根、树干和树叶，而另一个则是头和长着胳膊、脚的身体的其他部位。”[4]与印度某些概念的联系是柏拉图提供的。[5]克利须那在《福者之歌》（第15章）中说：“我是群山之中的喜马拉雅山，是树木之中的圣无花果树（*ashvattha*）。”这棵圣无花果树（*Ficus religiosa*）从上面把神仙饮用的不朽的饮料倾倒下来。[6]

---

1 *Cabbala denudata*, I, p.166.

2 Ibid., p.77.

3 Ibid., p.629.

4 P.888：“Inversam arborem stantem videri hominem placet Physicis, quod enim radix ibi, truncus et frondes, hic caput est et corpus reliquum cum brachiis et pedibus.”

5 Cf. Chwolsohn, *Die Ssabier und der Ssabismus*, II, p.373. *Timaeus* 90A：“……认为我们不是一种地上的植物，而是一种天国的植物。” *Vettius Valens*, *Anthologiarum* IX, p.330, 23. 奥菲士片段，Kern, No. 228a：“但是人的灵魂植根于太空之中。”

6 Chhāndogya Upanishad, VIII, 5, 3（SBE, I, p.131）. Shatapatha-Brāhmana（SBE, XLIV, p.317）：“带有圣杯的尼拘律树（Nyagrodha）——因为当诸神献祭时，他们会倾倒圣杯，并且向下生长，然后长出树根，就像尼拘律树那样，当它们向下生长（*nyak*）时，就长出树根（*roha*）。”圣无花果树就是诸神的座位（*Hymns of the Atharva-Veda*, V, 4; SBE, XLII, p.4）。Cf. Coomaraswamy, “The Inverted Tree,” pp.122f.

《福者之歌》继续说道：

在古代的传说中
有一棵无花果树，
这棵巨大的圣无花果树，
这棵永恒的树，
植根于天国之中，
它的树枝指向大地；
它的每一片树叶
都是一首吠陀之歌，
凡是熟知此事之人
都知道所有的吠陀。

向下低垂和向上翘首
其弯曲的树枝
是靠品质喂养的，
它长出的花蕾
是有感觉的事物，
它也有树根
向下延伸
进入世界之中，

这就是人的行为之根。[1]

413 炼金术的一些插图把炼金术的过程表示为树，把其阶段表示为树叶，[2]这些图画让人想起了印度关于通过吠陀，即通过知识而获得解救的概念。在印度文献中，树都是从上往下长的，而在炼金术中（至少从图画来看），树却是从下往上长的。在1546年的《无价之宝》这本书的插图中，[3]它看上去很像是一种芦笋。在我的那一系列图画中，图27包含着同样的主题，芦笋向上长的茎确实是对把曾是潜意识的内容推到意识之中的那种方式的一种图解表征。无论在东方还是在西方，树都是生命过程和启蒙过程的象征，虽然这个过程可以被理智所把握，但不应该把它与理智相混淆。

414 树是宝藏的卫士，这个主题出现在炼金术关于“瓶子里的精灵”的童话故事中。因为它含有宝藏（这种宝藏在其果实中表现出来），树就是制造金子（*chrysopoea*）或在一般意义上炼金技艺的象征，这与“赫拉克勒斯”[4]提出的原理相符：“这种自然的神奇力量从一开始就源自一个根源，后来则扩展到一些

---

1 *The Song of God*（trans. Prabhamananda and Isherwood），pp.146f.

2 *Psychology and Alchemy*，Figs.122 and 221.

3 Fol. **v ff.

4 拜占庭帝国的皇帝赫拉克利乌斯（610—641）。

物质之中，然后回归到一。”[1]瑞普利把艺术家比作培养葡萄树的诺亚，[2]在贾比尔那里这棵树就是“神秘的桃金娘科植物”，[3]而在赫尔墨斯那里则是“智慧的葡萄树”。[4]霍格兰德说：“但是果实是在早春从最完美的树中长出来的，而花朵则是在年末之始（即秋季）长出来的。”[5]由此清晰可见，树的生命代表炼金过程，如我们所知，这个过程与季节是一致的。[6]果实在春季出现，而花朵则在秋季出现，这个事实可能与颠倒的树和违背自然的过程这个主题有关。《智慧寓言》给出了下面这个秘诀：“再说一遍，把这棵树种在石头上，它并不害怕风吹雨打；天堂的鸟儿们可能会飞来，使树枝成倍地增长，因为智慧就是这样产生的。”[7]在这里，树也是炼金过程真正的基础和

---

1 Morienus, “De transmutatione metallorum,” *Art. aurif.*, II, pp.25f. “Hoc autem magisterium ex una primum radice procedit, quae postmodum in plures res expenditur et iterum ad unam revertitur.”

2 *Opera omnia*, p.46.

3 Berthelot, *Moyen âge*, III, pp.214f.

4 Cited in Hoghelande, *Theatr. chem.*, I(1659), p.147. “赫尔墨斯的代表作”(*vindemia Hermetis*)可追溯到佐西莫斯作品中奥斯坦尼斯的一段话(Berthelot, *Alch. grecs*, III, vi, 5)。

5 Loc. cit. “Quidem fructus exeunt a perfectissima arbore primo vere et in exitus initio florent.” 霍格兰德指的是*Turba*, Sermo LVIII，在那本书中有人问巴尔古斯：“你为什么不再讲那棵树了，据说吃了其果实的人将永远不会饥饿？”

6 炼金过程是在春季，当条件最适合的时候开始的(cf. “Paracelsus as a Spiritual Phenomenon,” supra, pars.190ff)，并且此时“石头的元素是最丰富的”(Ventura, *Theatr. chem.*, II, 1659, p.253)。炼金过程与黄道十二宫的关系在*Psychology and Alchemy*中已有所表示，Fig.92。

7 *Theatr. chem.*, V(1660), p.61. “Item planta hanc arborem super lapidem, ne ventorum cursus timeat, ut volatilia coeli veniant et supra ramos eius gignant, inde enim sapientia surgit.”

奥秘。这个奥秘就是大受赞赏的“宝藏中的宝藏”(*thesaurus thesaurorum*)。就像金属的树有七个树枝一样，沉思的树也有七个树枝，正如一篇题目为《沉思默想之树》的论文所示。[1]文中写道，那棵树是一棵有七个树枝的棕榈树，每个树枝上有一只鸟:“孔雀、[这个词难以辨认]、天鹅、哈佩雕、菲洛梅娜、鸥、凤凰”；而且在每个树枝上都有一朵花:“紫罗兰、鸢尾、百合、玫瑰、藏红花、百里香、[……?]花”，所有这些都有一种道德意义。这些观念与炼金术士们的观念非常相似。他们对在蒸馏釜中的树进行冥思，根据《化学婚礼》的观点，这个蒸馏釜是在一个天使的手中拿着的。[2]

12. 鸟与蛇

415 我已经说过，鸟和树有某种特殊关系。“阿尔伯蒂法典”说，亚历山大在其伟大的旅程中发现了一棵树，在树的内部有其“光荣的绿色”(*viriditas gloriosa*)。这棵树上栖息着一只鹳鸟，亚历山大在那里建了一座金色宫殿，“为他的旅行画上一个完美的句号”。[3]树上有鸟代表炼金过程及其完满。这个主题

1 MS. in Basel University Library, AX, 128b.

2 Cf. supra, “Paracelsus as a Spiritual Phenomenon,” par.228.

3 *Theatr. chem.*, II(1659), p.458.

也以图画的形式出现。[1]树叶（光荣的绿色）向内部生长，这个事实是违背自然的过程的另一个实例，同时也是冥思状态下内倾的一种具体表达。

416 蛇（显然参照的是《圣经》故事）也与树相关，这种关联首先是普遍的，因为恰当地说，它是那条水银蛇，就像冥府的植物精灵一样，从树根里长出来又进入树枝里，这种关联也更为特别，因为它代表树守护神，而且是以梅露西娜的形象出现的。[2]这条水银蛇就是把自己在树的内部进行转换从而构成其生命的神秘物质。这已经得到了"阿尔伯蒂法典"的证实。这个文本很可能是对一幅图画所做的评论，遗憾的是，在1602年的版本中没有给出这幅图画。评论的开始是这样说的："这是一幅天堂的图画，它被命名为天球，包含着八个最高贵的图形，那就是，第一个图形，它被命名为第一个圆圈而且就是上帝的圆圈"，等等。[3]由此显而易见，这是一幅关于同心圆的图画。第一个即最外部的圆圈包含着那个"神圣的词"（verba divinitatis），神圣的世界秩序；第二个圆圈是七颗星球；第三个圆圈是"易腐败的"和"创造性的"元素（*generabilia*）；第四个圆圈是从七颗星球中产生出来的一条凶猛的龙；第五个圆

1 *Psychology and Alchemy*, Fig.231 and *Mus.herm.*, p.201.

2 *Psychology and Alchemy*, par.537, Figs.10—12, 157, 257. Cf. also Jaffé, "Bilder und Symbole aus E. T. A. Hoffmanns Märchen 'Der Goldene Topt,' " p.300ff.

3 *Theatr. chem.*, II (1659), p.456.

圈是龙的“头和死亡”。龙的头“永远活着”，被命名为“光荣的生命”（vita gloriosa），而且“有天使为它服务”。龙首（*caput draconis*）在这里显然等同于耶稣基督，因为“有天使为它服务”这句话指的是《马太福音》4:11，在那里耶稣基督刚刚与撒旦断绝关系。但是，如果把龙头与耶稣基督相认同，那么就必须把龙尾与耶稣基督的敌人或魔鬼相认同。根据我们的文本，龙的整个身体被头吞住，这样魔鬼就和耶稣基督整合在一起了。这条龙反对上帝的形象，但是凭借上帝的力量它被移植到龙之中并且形成了它的头：“整个身体服从于头，而头则恨身体，从尾巴开始杀害它，用牙齿咬它，直到整个身体进入头部并且永远待在那里。”[1]第六个圆圈包含着六个形体和两只鸟，即鹳鸟。那些形体很可能是人，因为这个文本说，其中一个人看上去很像是一个埃塞俄比亚人。[2]看起来鹳鸟是循环蒸馏用的器皿（*vas circulatorium*），就像鹈鹕一样。[3]这六个形体中的每一个都表现转换的三个阶段，它们和两只鸟一起共同形成了作为转换过程之象征的八位一体。这个文本说，第七个圆圈表示“神圣的词”和七颗星球与第八个圆圈的关系，后者包含着金色的树。作者说，他宁愿对第七个圆圈的内容保持沉默，因为

1 *Theatr. chem.*，II（1659），p.457.

2 Cf. von Franz，“Passio Perpetuae，” pp.463ff.

3 关于这个器皿在炼金术中的重要性，参见*Psychology and Alchemy*，index，s. v. vas/vessel。鹤是一种蒸馏釜（Rhenanus，*Solis e puteo emergentis*，Lib. I，22）。[Cf. supra，Fig.B7]

这就是那个伟大的秘密开始之处，这只有上帝自己才能揭示。在这里可以发现国王佩戴在他的皇冠上的那块宝石。“智慧的女人把它藏起来，愚蠢的处女们则公开地炫耀它，因为她们希望遭到抢劫。”“教皇、一些牧师和僧侣则辱骂它，因为上帝法律如此这般要求他们。”

417 在第八个圆圈中那棵金色的树“就像闪电一样”闪耀。正如雅各布·伯麦所说，在炼金术中闪电表示突然的欣喜若狂或启发。[1]在树上栖息着一只鹳鸟。在第六个圆圈中的两只鹳鸟代表用于三个阶段的两次转换的蒸馏仪器，而坐在金色的树上的那只鹳鸟则具有更广泛的意义。自古以来它就被认为是“虔诚的鸟”(pia avis)，而且在犹太教《塔木德》的传统中也是如此，[2]尽管在《利未记》11:19中它被列为不洁净的禽兽。其虔诚可以追溯到《耶利米书》8:7：“空中的鹳鸟知道来去的定期……我的百姓，却不知道耶和华的法则。”在罗马帝国，鹳鸟是对虔诚的一种比喻。在基督教传统中，它是对耶稣基督这个审判者的一种比喻，因为它毁灭了蛇。正如蛇或龙是树的阴间守护神，鹳鸟则是其精神原则，因而是原人的一种象征。[3]在炼金术鹳鸟的先例当中必须要把条顿神话的阿德巴鹳鸟算在内，它把在赫尔达喷泉中获得新生的死人的灵魂带回到

1 Cf. “A Study in the Process of Individuation,” pp.295ff.

2 Grünbaum, *Jüdisch-deutsche Chrestomathie*, p.174.

3 Picinellus, *Mundus symbolicus*, I, p.281.

地球。[1]认为这部“法典”是阿尔伯图斯·马格纳斯写的，这是相当令人怀疑的。根据其风格来判断，它对哲学树的讨论很难追溯到16世纪之前。

13. 女性的树守护神

418 作为转换和新生的栖息之地，树具有女性和母亲的意义。我们已经从瑞普利的《卷轴》中发现，树守护神就是梅露西娜。在《潘多拉》中树干就是一个头戴皇冠、赤身裸体的女人，每一只手上举着一个火炬，一只鹰坐在她头上的树枝上。[2]在希腊风格的古迹文物中，伊希斯具有梅露西娜的形式，她的象征之一就是火炬。其他象征则是葡萄树和棕榈树。勒托和玛利亚[3]都是在棕榈树下生育的，摩耶在佛陀诞生的时候也是被圣树遮阴的。“所以希伯来人说”，亚当是从“生命树的大地”中，从“大马士革的红土地”中被创造出来的。[4]根据这个传说，亚当与生命树的关系就像佛陀与菩提树的关系一样。

419 树的这种女性—母亲的性质在它与智慧的关系中也表现出来。《创世记》中的知识树在《以诺书》中就是智慧树，其果

1 Wünsche, “Die Sagen vom Lebensbaum und Lebenswasser,” pp.85f.

2 *Psychology and Alchemy*, Fig.231.

3 Cf. Koran, Sura XIX.

4 Steeb, *Coelum Sephiroticum*, p.49.

实很像葡萄。[1]爱任纽报告说,[2]在巴贝利奥的教义中,自体最终造出了“完美而真实的人,它们也称之为亚当”。用他造出了完美的知识:“树就是从[这个完美的]人和灵知中生出来的,它们把这棵树也称为灵知。”[3]在这里我们发现,人与树的关系就像亚当与佛陀的情况。在《阿基来行传》中也发现了相同的联系:“但是,那棵在天堂里的树(善就是据此而被认出来的),就是耶稣及其在世界上的知识。”[4]《智慧寓言》这样说:“因为智慧就是从那里[即从那棵树中]产生出来的。”[5]

420 在炼金术中也发现了与树有关的类似观点。我们已经遇到过把人视为一棵颠倒的树这个概念,这是一个也可以在犹太神秘教义中发现的观点。《埃利泽拉比文萃》[6]说:“泽西拉拉比曾说过,‘关于树的果实’——在这里‘树’的意思就是指人,可以把他与树相比,因为据说‘田间的树木……是人’(《申命记》20:19)。”在查斯丁的灵知里,伊甸园里的树就是天使,而善与恶的知识树则是慈母般的天使的第三位,纳斯。[7]把树的

1 Charles, *Apocrypha and Pseudepigrapha*, II, p.207.

2 *Adversus haereses*, Lib. I, 29, 3.

3 “Ex Anthropo autem et Gnosi natum lignum, quod et ipsum Gnosin vocant.”

4 “Illa autem arbor quae est in paradiso, ex qua agnoscitur bonum, ipse est Jesus et scientia eius quae eat in mundo.” Hegemonius, *Acta Archelai* (ed. Beeson), p.18, lines 15ff.

5 *Theatr. chem.*, v (1660), p.61.

6 Trans. and ed. Friedlander, p.150. 这部文萃可追溯到7—8世纪,埃利泽(本·海尔卡纳斯)生活在2世纪。

7 Hippolytus, *Elenchos*, V, 26, 6. 纳斯,即蛇,是纳赛内派的原初物质,一种像泰勒斯的水那样“潮湿的物质”。它是万物的本质并且包含着万物。它就像伊甸园的河流,分成了四条溪流(V, 9, 13ff)。

灵魂分成男性和女性人物，这种划分与作为树的生命原则的炼金术的墨丘利相对应，因为作为一种雌雄同体，他是双重的。[1]在《潘多拉》中，树干是女人的身体，这幅画指的是在扮演其女性的智慧角色的墨丘利，在其男性方面，他是以老墨丘利或赫尔墨斯·特利斯墨吉斯忒斯为象征的。

14. 作为哲人石的树

421 正如树和人是炼金术中的核心象征一样，哲人石也是，它具有原初物质和终极物质的双重意义。上面提到的引自《智慧寓言》的引文——“把这棵树种在石头上，它并不害怕风吹雨打”——这句话似乎是暗指关于房子的寓言，这座房子建在沙子上，当洪水来临和大风吹起的时候，房子便倒塌了（《马太福音》7:26—27）。因此，石头的意思很可能就是指正确的原初物质所提供的坚实基础。但是，上下文指的是石头的象征意义，正如前面那句话所清晰表明的：“用你的全部力量获得智慧，因为你将从中品尝到永恒的生命，直到你的［石头］被凝结起来，你的惰性消失，因为生命就是由此而产生的。”[2]

---

1 Cf. “The Spirit Mercurius,” supra, pars.268f.

2 “Item accipe sapientiam vi intensissima[m] et ex ea vitam hauries aeternam, donec tuus[lapis] congeletur ac tua pigredo exeat, tunc inde vita fit.”（*Theatr. chem.*, V, 1660, p.61）

422 米利乌斯说："原初物质是一种带有油性的水，也是哲人石，枝条从中衍生出无限的时空。"[1]在这里，石头本身就是树，被理解为"狂暴的物质"（诺斯替教的流体）或者是"带有油性的水"。因为水和油不能混合，这表示墨丘利的双重性质或相反的性质。

423 同样，《智慧的结合》在对西尼尔的观点进行评论时说："所以这块石头是靠自己并在自身之中得到完善的，因为它就是那棵由此而长出并且通过它和为了它而长出树枝、树叶、花朵和果实的树，它本身就是完整的或者就是整体（*tota vel totum*），而不是别的什么。"[2]所以树就等同于石头，就像它一样，是整体性的一种象征，坤拉斯说道：

> 智慧的石头是靠它自己、从它自身、在它自己之中和通过它自己而得到制造和完善的。因为它只是一件东西：就像一棵树（西尼尔说），它的根、树干、树枝、嫩枝、树叶、花朵和果实都是靠它、通过它、从它当中和在它上面长出来的，它们全都来自一个种子。它本身就是一切，没有别的东西制造它。[3]

---

1 *Phil. ref.*, p.260. 对于"无限增殖的分支"，我读作"无限"。

2 *Ars chemica*, p.160.

3 *Hyl. Chaos*, pp.20f.

424 在阿拉伯文的《奥斯坦尼斯书》中，对这种神秘物质，或者水，曾有过某种描述：它以各种不同的形式表现出来，先是白色的，然后是黑色，然后变成红色，最后变成一种可燃的液体或者火，是从波斯的某种石头中打造出来的。这本书继续说道：

> 它是一棵长在山顶上的树，一个出生在埃及的年轻男子，一个来自安达卢西亚的王子，他想要获得寻觅者遭受的那种痛苦折磨。他杀死了他们的领头人。……圣人们没有力量反对他。我发现，除了顺从之外，没有任何武器能够对付他，只有知识的大容器，只有理解的挡箭牌。如果寻觅者发现自己在他面前带着这三件武器，并且把他杀死，那么在他[王子]死后会再次获得生命，他将失去反对他的全部力量，并将赋予寻觅者最高的力量，这样他将达到他想要达到的目标。[1]

425 出现这段话的那一章一开始是这样说的："圣人说，学生首先需要知道的是这块石头，即古人们强烈渴望得到的东西。"水、树、年轻的埃及人和安达卢西亚的王子，全都指的是这块石头。水、树和男子在这里是作为其同义词而出现的。王子是一个需要稍加详细阐释的重要象征，因为它似乎呼应了在

---

1 Berthelot, *Moyen âge*, III, p.117.

《吉尔伽美什史诗》中发现的一个原型主题。在这部史诗中，恩奇都，那个冥府里的男人和吉尔伽美什的阴影，在受到侮辱的伊师塔的授意下被诸神创造出来，这样他就可以把主人公杀死。王子以同样的方式“想要获得寻觅者遭受的那种痛苦的折磨”。他是寻觅者们的敌人，并且“杀死了他们的领头人”，也就是，把这门艺术的大师和权威杀死了。

426 有敌意的石头这个主题在《智慧寓言》中有如下明确阐述：“除非你的石头是个敌人，否则你将绝不会达到你想要达到的目标。”[1]在炼金术中这个敌人以有毒的或喷火的龙作为伪装，也以狮子作为伪装而表现出来。狮子的爪子必须被砍下来，[2]龙则必须被杀死，否则，根据德谟克利特的原则，它就会杀死或吞噬掉它自己：“本性在本性之中才会感到高兴，本性要统治本性，本性要征服本性。”[3]

427 把炼金术的权威们杀死一定会使我们想起在《潘多拉》中的那幅有趣的图，梅露西娜用一把长矛刺伤耶稣基督的肋部。[4]梅露西娜相当于诺斯替教的恶魔猎手，代表墨丘利的女性方面，即女性的努斯（纳赛内派的纳斯），它以蛇的形式引诱了我们最初的父母。与此相类似的是前面提到过的引自《论亚历

1 “Nisi lapis tuus fuerit inimicus, ad optatum non pervenies.”(*Theatr. chem.*, V, 1660, p.59)

2 参见 Reusner, *Pandora*, p.227 中的插图。Also *Psychology and Alchemy*, Fig.4.

3 Berthelot, *Alch. grecs.*, I, iii, 12.

4 See supra, Fig.B4.

山大大帝》中的那句话："采摘这些果实吧，因为这棵树上的果实引领我们走进了黑暗并穿越了黑暗。"[1]由于这个劝告显然与《圣经》和教会的权威相矛盾，人们可以猜到，这是一个有意识地反对基督教传统的人说的。

428 之所以说与《吉尔伽美什史诗》的关联很有意思，是因为人们认为奥斯坦尼斯是一个波斯人，而且与亚历山大大帝是同时代人。进一步类比对恩奇都和安达卢西亚王子以及对一般意义上的石头的最初的敌意，我们可以引用海德尔的传奇故事。[2]海德尔是真主的信使，最初曾因其罪恶行为而使摩西感到惊恐。这个传奇故事一方面详尽解释了摩西与其阴影，即与其仆人约书亚·本·农的关系，另一方面阐释了他与自性，即与海德尔的关系，认为这是一种幻觉的体验或者是一种教化的传说。[3]哲人石及其同义词也同样是自性的象征。从心理学上讲，这意味着，在第一次与自性相遇时，所有那些负面的性质都可能出现，而这几乎可以说是与潜意识的一次未曾预料的交会。[4]危险在于，潜意识引发了一场洪水，如果意识心灵不能在理智上或道德上同化潜意识内容的入侵，那么这种危险在某种不好的情况下就会采取精神病的形式。

---

1 *Theatr. chem.*, V (1660), p.790.

2 Koran, Sura XVIII.

3 Cf. "Concerning Rebirth," pp.135ff.

4 *Aion*, pp.8ff.

15. 这种技艺的危险

429 《曙光乍现》第一部在谈到对工艺师造成威胁的危险时说："哦，有多少人没有理解智者说的话啊；这些人已经因为其愚蠢而死亡了，因为他们缺乏精神的理解。"[1]霍格兰德的看法是："可以正确地认为这门艺术既困难又危险，任何一个并非目光短浅的人都会因为这是最有害的而予以回避。"[2]瓦迪斯的埃吉迪乌斯在说下面这段话时也有同样的感受："我将对这门科学保持缄默，它已经使从事这项研究的多数人陷入了混乱，因为确实很少有人发现他们想要寻求的东西，反而有无数的人陷入崩溃。"[3]霍格兰德在引用哈利的话时说："对他来说，我们的石头就是生命，他知道它，也知道它是怎样制造的，而那些不知道它，也不知道怎样制造它的人，以及在它将要诞生时没有给它提供担保的人，[4]或者那些认为这是另一块石头的人，已经为

1 *Aurora consurgens*（ed. von Franz），p.117. "因此这是一个伟大的标志，在对它的调研中，有些人已经死亡了。"（*Art. aurif.*，II，p.264）"你们这些寻求智慧的人要知道，许多人为了这门艺术而死亡了，这门艺术的基础是一件比所有其他事情都更强烈和更庄严的事情。"（"Turba，" in *Art. aurif.*，I，p.83）

2 "De alchimiae difficultatibus，" *Theatr. chem.*，I（1659），p.131.

3 "Dialogus inter naturam et filium philosophorum，" ibid.，I（1659），p.104.

4 Cf. Du Cange，*Glossarium*，II，p.275，"证明"（certificatio）。

他自己准备好了死亡。”[1]霍格兰德清楚地表明，不只是有中毒[2]或可能会爆炸的危险，而且还有导致心理失常的危险。“让他小心翼翼地认识和提防那个魔鬼的欺骗，那个魔鬼经常使自己巧妙而迂回地潜入化学操作活动之中，他可能会用无意义和无用的东西来阻止实验人员，使之忽略自然的全部物品。”[3]他通过引用阿尔费迪乌斯的一段话来证明这种危险：“这块石头出自一个庄严和最光荣的非常恐怖之地，它曾使许多圣哲死于非命。”[4]他也曾引用莫伊塞斯的话：“这项工作就像云彩来自天国那样突然产生。”他又补充了引自米克莱里斯的一段引文：“如果你突然看到这种转换，那么惊奇、恐惧和颤抖就会降临到你身上；因此从事这项工作时要小心。”[5]

---

1 “Lapis noster est vita ei qui ipsum scit et eius factum et qui nesciverit et non fecit et non certificabitur quando nascetur aut putabit alium lapidem, iam paravit se morti.”（Hoghelande, *Theatr. chem.*, I, 1659, p.182）

2 这种危险众所周知。“因为随之而引起的火和硫磺的蒸发，炼金过程是非常危险的。”（Dee, “Monas hieroglyphica,” *Theatr. chem.*, II, 1659, p.196）“我［圣水］给了他们迎面一击，留下了一个伤口，把他们的牙齿都打掉了，通过烟雾而引起了许多疾病。”（“Rosinus ad Sarratantam,” *Art. aurif.*, I, p.293）“从一开始炼金过程就像是一剂致命的毒药。”（Ventura, “De ratione conficiendi lapidis,” *Theatr. chem.*, II, 1659, p.258）炼金术士们似乎已经知道了水银的毒性。

3 “Cautus sit in diaboli illusionibus dignoscendis et praecavendis, qui se chemisticis operationibus saepius immiscet, ut operantes circa vana et inutilia detineat praetermissis naturae operibus.”（Hoghelande, p.126）*Aurora consurgens*（ed. von Franz, p.51）谈到了“使实验人员的心灵受到感染的恶臭和蒸汽”。

4 Hoghelande, p.160. “Hic lapis a loco gloriosissimo sublimi maximi Terroris procedit, qui multos sapientes neci dedit.”

5 Hoghelande, p.181.

430 在柏拉图四书中也同样提到了那些恶魔般的力量的危险性："在做准备的某一时刻某些种类的精灵会反对这项工作，而在另一时刻这种反对将不会存在。"[1]所有这一切中表达最清楚的就是奥林匹奥德鲁斯（6世纪）："蛇这个魔鬼一直在煽动人们疏忽大意，阻碍我们的意图；它里里外外地到处爬，引发失败、恐惧，使人措手不及，有时又寻求通过袭扰和伤害而使我们放弃这项工作。"[2]他还提到，铅拥有一个能驱使人疯狂的魔鬼。[3]

431 炼金术士期待和体验到石头的奇迹，这一定是非常令人敬畏的，这就可以解释他对亵渎这个秘密的神圣恐惧。"谁也不能公开这块石头的名称而又不会使他的灵魂受到诅咒，因为他不可能在上帝面前自圆其说"，霍格兰德说。[4]我们应该严肃地看待这个信念。他的论著是一个诚实而又理性的人所做的研究，为此而与其他论著的那种矫饰的蒙昧主义大相径庭，尤其是卢利的论著。既然这块石头有"一千个名称"，那么，人们就想要知道，霍格兰德不想公开的究竟是哪个名称。对炼金术士们来说，这块石头确实非常令人尴尬，因为既然它绝不是被制造出来的，那就没有人能够说出来它究竟是什么。在我看来，

---

1 *Theatr. chem.*, V(1660), p.126.

2 Berthelot, *Alch. grecs*, II, iv, 28.

3 Ibid., II, iv, 43 and 46.

4 *Theatr. chem.*, I(1659), p.160. "Nomen lapidis patefacere nemo potest sub animae suae condemnatione, quia coram Deo rationem reddere non posset."

最可能的假设似乎就是，它是一种精神的体验，它可以解释人们一再表达的心理障碍的恐惧。

432 魏伯阳，我们所知的最古老的炼金术士（公元2世纪），曾对炼金过程中犯错误而导致的危险后果做过有益的论述。在对后者做了概述之后，他描述了真人，真实而完善的人，真人是这项工作的开端和结束："真人至妙，若有若无。仿佛大渊，乍沉乍浮。"他以物质实体的形式出现，就像多恩的真理，[1]其中"方圆径寸，混而相拘。先天地生，巍巍尊高"。[2]这再次表达了我们在西方炼金术中发现的那种极其神秘的印象。

433 这位作者接着又讲述了这样一个区域："环匝关闭，四通踟蹰。守御密固，阏绝奸邪。……可以无思，难以愁劳。神炁满室，莫之能留。守之者昌，失之者亡。"因为后者将使用"脏法"：他将通过太阳和星辰的进程而在所有的事情上对他自己加以指导，换句话说，将根据中国的行为准则过一种理性有序的生活。但是，这不是为了取悦于女性原则（阴）之道，或者我们可以说，意识的秩序原则与潜意识并不和谐一致（在男性身上潜意识具有女性特征）。如果炼丹者在这个节骨眼上根据传统上认为理性的规则来安排其生活的秩序，那么他将使自己陷入危险之中。"浊乱弄元胞。"元胞（黑弥撒）就是混沌，西方炼

---

1 *Aion*, pp.161ff.

2 Wei Po-yang, "An Ancient Chinese Treatise on Alchemy," pp.237ff.（这里指魏伯阳的《周易参同契》。——中译者注）

金术中的混乱或黑化，即原初物质，它外面是黑色的，里面是白色的，就像铅一样。它是隐藏在黑暗中的真人，完人，它受到生活中的理性而正确的行为的威胁，这样自性化就受到阻碍并且偏离到错误的道路上。这个气(炁)，这种精华(西方炼金术中玫瑰色的血)，是不可“阻挡”的：自性竭力要使自己表现出来，并威胁要战胜意识。[1]对西方炼金术士来说，这种危险特别巨大，因为效法基督这个理想使他把将灵魂实体以玫瑰色的血的形式发散出来视为一项实际上要求他去做的任务。他觉得必须在道德上实现自性的这些要求，而不管这些要求是否使他负担过重。在他看来，上帝及其最高的道德原则似乎要求他做出这种自性的牺牲(self-sacrifice)。如果一个人屈服于这些紧迫的要求并且死亡，那确实是一种自性的牺牲，是自性的一种真正的献祭，因为此时自性也已经输了比赛，毁灭了应该成为其容器的人类。正如这位中国炼丹大师正确地观察到的那样，当人们考虑的问题是社会生活之外的其他事情时，也就是说，当潜意识与自性化过程开始整合时，如果传统的、道德的、理性的行为准则开始生效，那么这种危险就会出现。

434 魏伯阳对这种错误所导致的生理和心理后果做了生动的描述：“食炁鸣肠胃，吐正吸外邪。昼夜不卧寐，晦朔未尝休。身体日疲倦，恍惚状若痴。百脉鼎沸驰，不得清澄居。”(遵循

1 *Aion*, pp.23ff.

意识的道德）建一座祠庙，每天早晚都勤勉地守候着，并且把礼物送到祭坛上，也无济于事。“鬼神见形象，梦寐感慨之。心欢意喜悦，自谓必延期。[1]遽以夭命死。”这位作者又补充了一个寓意：“举措辄有违，悖逆失枢机。”西方炼金术的洞见并未渗透到如此深度。不过，炼金术士们也觉知到这项工作的微妙的危险，而且他们知道，这不仅对炼金术士的智慧提出了很高的要求，而且对其道德品质也提出了很高的要求。所以在克里斯蒂安·罗森克鲁茨[2]的皇室婚礼的邀请信上这样写着：

> 坚持观察和监督，
> 你自己要考虑；
> 除非你勤勉地洗浴，
> 否则婚礼不会使你毫无伤害；
> 若在此稍有延迟，他就会受到伤害；
> 要让他认识到，微不足道的小事亦重千斤。

435 从《化学婚礼》中发生的事情显然可见，它关心的不只是皇家配偶的转换与结合，而且是炼金术士的自性化。与阴影和

1 这是一种典型的自命不凡的症状。一位知名人士曾向我保证，他会活很长时间；他至少需要活150年。一年后他却死了。在这个案例中，即便对一个外行人来说，这种自命不凡也是显而易见的。

2 *The Chymical Wedding*（trans. Foxcroft），p.6.

阿尼玛的结合是一件困难的事情，不可小觑。此时出现的对立物问题以及由此而产生的那些无法解答的问题，导致了以神秘体验的形式呈现的一系列补偿性的原型内容。心理学只是在后来才发现的情结——象征——很早以前就被炼金术士们所熟知了，尽管他们只有有限的知识。劳伦修斯·文图拉以几句简洁的话语表达了这种洞见："这项工作的完成并非存在于工艺师的力量之中，而是在最仁慈的上帝之中，他亲自把它赠送给他喜欢的人。而在这一点上存在着所有的危险。"[1]我们可以补充说，我们完全可以把"最仁慈的"这几个字视为一种辟邪用的委婉语。

16. 理解是一种防御手段

436 在讨论了威胁炼金术士的这些危险之后，我们不妨转回到第14节中奥斯坦尼斯的那段话。炼金术士们知道，他们无法阻挡以安达卢西亚王子的形式出现的哲人石。它似乎比他们更强大，这个文本说，他们只有三种武器："顺从"、"知识"的大容器和"理解"的挡箭牌。由此显而易见，一方面他们认为自己采纳不抵抗政策是非常谨慎的，而另一方面他们则寻找理

1 "(Operis perfectio) non est enim in potestate artificis, sed cui vult ipse Deus clementissimus largitur. Et in hoc puncto totum est periculum." *Theatr. chem.*, II (1659), p.296.

智和理解的避难所。哲人石的超越性力量通过下面这句话而得到证明:“哲学家并不是这块石头的主人,而是它的仆人。”[1]显然他们不得不屈服于它的力量,但带着一种有保留的理解,这种理解最终会使他们把王子杀死。如果我们假设,炼金术士们试图尽其所能地理解这种显然不可见的东西,从而打破它的力量,我们这样假设很可能不会错。这不仅是一个众所周知的童话故事的主题(侏儒怪!),而且也是一个非常古老的原始信仰,谁能猜出那个神秘的名字,谁就拥有了控制其占有者的力量。在心理治疗中,这是一个众所周知的事实:有些神经症状似乎无懈可击,但通过意识的理解和这些神经症状中潜藏的内容的体验,它们通常会变成无害的。这是显而易见的,因为保持这种症状的能量现在任凭意识使用,一方面导致生命力的增长,另一方面导致那些无用的抑制和诸如此类的障碍得以减少。

437　要想理解奥斯坦尼斯的这个文本,就必须牢记这种体验。每当以前曾是潜意识的、神秘的内容,要么自发地,要么通过对某种方法的使用,而在意识中浮现出来时,这种体验就会出现。和在所有魔法书中一样,人们假设,那个被征服的恶魔的力量将传递给炼金术士。我们的现代意识很难抵抗这种以相同的

1 “Philosophus non est magister lapidis, sed potius eius minister.” *Ros. phil.* in *Art. aurif.*, II, pp.356f.

方式进行思维的诱惑。我们很容易假设认为,精神内容能够任凭洞见使用。只有对那些无论如何都没有什么意义的内容来说,这才是对的。神秘的观念情结可能会受到诱导而改变其形式,但是,既然它们的内容可以采取任何数量的形式,它就不会销声匿迹,不会变得完全失去作用。它拥有某种自主性,当它受到某种压抑或系统性的忽略时,它会在另一个地方以某种消极的和破坏性的伪装而重新出现。魔法师幻想的那个服务于他的魔鬼,最终却把他杀死。试图为了个人的目的而把这个魔鬼作为一个仆人来使用,这是一种力量的浪费;相反,这个雄心勃勃的人物的自主性应该在宗教的意义上被牢记在心,因为它就是那种驱使我们朝向自性化的可怕力量的来源。因此,炼金术士们毫不犹豫地给这块石头赋予了积极的神圣属性,并且把它作为一个微观世界和一个人,而与耶稣基督等量齐观——"而在这一点上存在着所有的危险"。我们既不能也不应该冒着使我们的精神受到破坏的危险,试图强迫这种神秘的存在进入我们狭隘的人类模型,因为它比人的意识更大,比人的意志更大。

438 正如炼金术士有时会违背这种倾向,把潜意识产生的象征用作令人着迷的名字,现代人也会出于否认潜意识这个相反的目的而对理智概念加以类似的使用,仿佛用理性和理智就能像变戏法似的把其自主性变得不存在了。令人非常奇怪的是,一些批评我的人认为,在所有的人当中只有我想要用理智概念来取代生命精神。我不理解,他们怎么会忽略下述事实:我的概念是以实证研究的发现为基础的，这些概念并非他物，而是某些经验领域的名称。如果我没有提供我的这些观点的基础事实，那么这种误解也就可以理解了。批评我的人却偏偏忽略了这个显而易见的真实情况，即我讲述的是生命精神的事实，而并没有使用哲学的巧妙手法。

17. 折磨这个主题

439 奥斯坦尼斯的文本对我们深入了解炼金术士们所体验到的那种自性化过程的现象学提供了有价值的洞见。提到王子对工艺师所要遭受的“痛苦折磨”的渴望，这是格外令人感兴趣的。这个主题在西方文本中出现，但是以相反的形式出现的，遭受折磨的并不是工艺师，而是墨丘利，或者是哲人石或树。这种角色的颠倒表明，工艺师想象他是折磨别人的人，而实际上他才是遭受折磨的人。他只是以后才明白此事，也就是说，当他发现这项工作有使他自己付出代价的危险时他才明白。折磨得到投射的一个典型案例就是佐西莫斯的幻想。[1]《特巴》说：“把那个古老的黑色精灵拿出来吧，用它来毁坏和折磨[2]身体，直到它们发生改变。”[3]一位哲学家在其他地方对聚

1 Cf. supra, pars.86—87.

2 “Diruite et cruciate.”

3 Ed. Ruska, p.152.

集在一起的圣人们说："那件遭受折磨的东西，当它被沉浸在身体之中时，就会把它变成一种具有不可改变和不可摧毁的性质的东西。"[1]蒙杜斯在《布道》XVIII中说："究竟有多少人搜索这些用途[2]，[甚至]发现了某些用途，却仍然无法忍受那些痛苦的折磨呢。"[3]

440 这些引文表明，折磨这个概念是一个模棱两可的概念。在第一例中，遭受折磨的是身体，是工作的原材料；在第二例中，遭受折磨的东西无疑就是那种神秘物质，它经常被称为事物（*res*）；在第三例中，无法忍受折磨的就是那些研究者本人。这种模棱两可绝非偶然，而是有其更深层的原因。

441 在那些与《特巴》的拉丁文译本同时期的古老文本中，有一些用巫术纸莎草纸的方式记录的可怕方法，例如开膛[4]或拔掉一只活公鸡的毛，[5]把人放在一块加热的石头上使其变干，[6]剁手和剁脚，[7]等等。此处的折磨用于身体。但是我们在同样古老的《论米克莱里斯》中发现了另一种说法。[8]其中说道，正

1 Ed. Ruska，p.168.

2 所谓"用途"（applicationes）是指神秘物质，例如在文本中提到的"gumma"（=永恒之水）。

3 *Poenas*，与佐西莫斯书中的地狱相对应；supra，par.86（III，i，2）。

4 Preisendanz，*Pap. Graec. Mag.*，I，p.79.

5 "Allegoriae sapientum，" *Art. aurif.*，I，p.140.

6 Ibid.，p.139.

7 "Visio Arislei，" ibid.，p.151.

8 "米克莱里斯"（Micreris）是由于按照阿拉伯文的字母直译而导致的对"墨丘利"（Mercurius）一词的讹用。

如造物主把灵魂与身体分开并且对它们进行评判和奖励一样，“我们也必须对这些灵魂使用奉承(*adulatio uti*)，[1]对它们实施最严厉的惩罚(*poenis*，有一个边注：*laboribus*)”。这时一位对话者提出了疑问：灵魂是否能以这种方式来对待，因为它是“很精细的”，而且不再居住在身体之中。那位大师回答说：“必须用最精巧的精神的事物来对它进行折磨，也就是说，用与它类似的火的性质对它进行折磨。因为如果它的身体受到折磨，灵魂就不会受到折磨，而且这种折磨也不会涉及它；因为它具有精神的性质，只有精神的东西才能触及它。”[2]

442 此处受折磨的并不是原材料，而是从原材料中抽取出来、现在必须经受精神折磨的灵魂。这个“灵魂”通常与神秘物质相对应，要么是原初物质，要么是使之得到转换的手段。我们已经知道，佩特鲁斯·博努斯是对这门艺术的范围感到好奇的最早期的中世纪炼金术士之一。他说，就像盖贝尔遇到了困难一样，“我们也很长期地陷入昏迷之中(*in stuporem adducti*)，并且深感绝望。但是，当我们苏醒过来并且用无限反思的痛苦来折磨我们的思想时，我们就看见了这种物质”。接着他引用阿维琴纳的话。阿维琴纳说，我们有必要“通过我们自己(*per nos ipsos*)来发现这种效力(*solutio*)”。“我们早在实验之前就

1 “奉承”通常指皇室婚姻的爱情游戏。在这里指把灵魂抽取出来。

2 *Theatr. chem.*，V(1660)，p.93.

知道这些事情了,这是长期、紧张和严格认真沉思的结果。”[1]

443 佩特鲁斯·博努斯通过强调心理遭受的折磨而把这种痛苦带回到研究者身上。在这一点上他是对的,因为炼金术士最重要的发现就是源自他们对自己心理过程的沉思,心理过程以原型的形式投射到化学物质中,并以无限的可能性而使他们的心灵昏眩。人们普遍认为,对这些结果有预先的知识,正如多恩所说:“任何一位终有一死的人都不可能理解这门艺术,除非他以前曾受到过神圣之光的启蒙。”[2]

444 物质遭受折磨这个主题也在乔治·瑞普利爵士那里出现过:“非自然之火必定会使身体遭受折磨,因为它就是狂暴燃烧的龙,就像地狱之火那样。”[3]在瑞普利看来,这种地狱折磨的投射是明确而完整的,这和如此众多的其他人的看法一样。只是在16和17世纪的作者们那里,佩特鲁斯·博努斯的那种洞见才再次获得了突破。多恩的观点显然具有这种特点:“因此诡辩派的哲学家们……用各种折磨来虐待这位墨丘利,有些人使用升华、凝结、显形、水银的泉水(*aquae fortes*)等。所有这一切都是需要避免的错误过程。”[4]在这些诡辩派的哲学家当中,他也很看好盖贝尔和阿尔伯图斯,他嘲弄地补充说,“他

1 Lacinius, *Pret. marg. nov.*, fol.45^{v}.

2 “Physica Trismegisti,” *Theatr. chem.*, I (1659), p.366.

3 “Ignis contra naturam debet excruciare corpora, ipse est draco violenter comburens, ut ignis inferni.” (“Duodecim portarum,” *Theatr. chem.*, II, 1659, p.113)

4 “Congeries Paracelsicae,” ibid., I (1659), p.516.

的绰号就是伟人”。在其《特利斯墨吉斯忒斯的物理》中他甚至宣称，这种由来已久的黑色（*melanosis*，*nigredo*）是一种投射："因为赫尔墨斯说过，'所有的晦涩费解都将从你那里逃离'，[1]他说的不是'从金属那里'逃离。所谓晦涩费解，就是除了疾病的黑暗和身体与心灵的疾病之外，别的什么都无法理解。"[2]

445 《曙光乍现》第一部中的许多段落在这一方面很有意义。在《奥斯坦尼斯书》中，哲学家们在这块石头上流泪，而这块石头则被封闭在另一块石头之中，这样，石头被泪水沾湿，便失去了其黑色，变成了像珍珠一样的白色。[3]在《哲学玫瑰园》中的一段格拉提安的引文说："在炼金术中有一种贵重的物质……最初它被脏兮兮地泡在醋中，但最后充满了快乐。"[4]"智慧的结合"就等于患忧郁症的黑色。[5]维吉尼亚在说到萨杜恩的铅时说："铅表示上帝用来折磨我们并且给我们的理智增添麻烦的烦恼和烦恼的加重。"[6]这位炼金术士觉察到，一直被视为神秘

1 引文出自"Tab. smarag."。

2 "(Hermes) dicit enim '*a te* fugiet omnis obscuritas,' non dicit 'a metallis.' Per obscuritatem nihil aliud intelligitur quam tenebrae morborum et aegritudinem corporis atque mentis."（*Theatr. chem.*，I，1659，p.384）

3 Berthelot，*Moyen âge*，III，p.118.

4 "In Alchimia est quoddam corpus nobile，... in cuius principio erit miseria cum aceto，sed in fine gaudium cum laetitia."（*Art. aurif.*，II，p.278）

5 *Ars chemica*，pp.125f.

6 *Theatr. chem.*，VI（1661），p.76.

物质的铅就等同于抑郁症的主观状态。同样，在《神秘的奥列利亚》中，拟人化的原初物质在谈到她的兄弟萨杜恩时说，他的精神是“被忧郁症的激情克服的”。[1]

446 在这个痛苦与悲哀发挥如此重大作用的思想背景中，把树与耶稣基督的十字架联系起来，这并不奇怪。这种类比得到了下述古老传说的支持，十字架的木头就来自天堂的树。[2]对此提供支持的另一件事情是四位一体，其象征就是十字；[3]因为树具有四位一体的性质，以下述事实为证，它代表四种元素结合起来的过程。树的四位一体可以追溯到基督教时代之前。可以发现，在查拉图斯特拉的幻象中，树有四根枝，是由金、银、钢和“铁合金”制成的。[4]这种意象后来在炼金术的金属树中再次出现，此时可以把它与耶稣基督的十字架相比较。在瑞普利那里，皇室的配对、最高级的对立物，是为了达到结合与再生的目的而遭受折磨的。[5]“如果我被提升起来[就像耶稣基督所说]，那么我就把所有的人都拉到我身边。……从那时起，当两个方面在遭受了折磨并昏死过去之后结婚，男人和女人将被

---

1 *Theatr. chem.*, IV (1660), p.505.

2 Zöckler, *The Cross of Christ*, and Bezold, *Die Schatzhöhle*, pp.5, 35.

3 Dee, *Theatr. chem.*, II (1659), p.202.

4 Reitzenstein and Schaeder, *Studien zum antiken Synkretismus aus Iran und Griechenland*, p.45.

5 参见复活泉中的橡树, Trevisanus, “De chemico miraculo,” *Theatr. chem.*, I (1659), pp.683ff。[*Mysterium Coniunctionis*, pp.70f]

埋在一起，此后又通过生命精神而得到复活。”[1]

447 树也曾在多恩的《思辨哲学》的一段话中作为一种转换的象征而出现过，从宗教心理学的角度来看它是非常有趣的："［上帝］决心从天使的手中把他的愤怒之剑夺过来，以替代一把金三齿钩，他把剑挂在树上：这时上帝的愤怒就变成了爱。”[2]正如在《启示录》1:16中所说，作为逻各斯的耶稣基督是那柄双刃剑，它象征着上帝的愤怒。

448 把[3]耶稣基督比作悬挂在树上的剑这种多少有些不同寻常的类比，几乎可以肯定，就是对悬挂在十字架上的蛇的类比。在圣安布罗斯那里，[4]那条“悬挂在木头上的蛇”是“耶稣基督的一种类型”(typus Christi)，就像是阿尔伯图斯·马格纳斯笔下那条“在十字架上的黄铜蛇”。[5]作为逻各斯的耶稣基督是纳斯的同义词，是拜蛇教中那条努斯蛇。阿加托戴蒙(好的精灵)具有蛇的形式，在菲洛那里，这条蛇被认为是“最具有精神

---

1 Ripley, *Opera omnia*, p.81. “Si exaltatus fuero, tunc omnes ad me traham. Ab eo tempore, quo partes sunt desponsatae, quae sunt crucifixae et exanimatae contumulantur simul mas et foemina et postea revivificantur spiritu vitae.”

2 *Theatr. chem.*, I(1659), p.254. “(Deus) conclusit angelo gladium irae suae de manibus eripere, cuius loco tridentem hamum substituit aureum, gladio ad arborem suspenso: et sic mutata est ira Dei in amorem.”

3 ［在瑞士版中，这一段以及下一段都放在第18节的最后。——编者注］

4 *De XLII Mansionibus Filiorum Israel*, XXXV (Migne, *P.L.*, vol.17, col.34).

5 在他唱给上帝的母亲的赞美诗中：“再见北斗七星。” Cf. Gourmont, *Le Latin mystique*, p.150. [Also *Psychology and Alchemy*, par.481 and Fig.217]

性质的”动物。另一方面，其冷血和低劣的脑组织表明它没有显著的意识发展，而且它与人并没有关系，这使它成为一种疏远的生物，人对它很恐惧却又被它强烈地吸引住。所以它是潜意识的两个方面的卓越象征：它那冷漠无情的本能，它那索菲亚的性质或自然智慧，都体现在原型之中。以阴间的蛇为代表的耶稣基督的逻各斯性质是神圣母亲的母性智慧，在《旧约》中它是以智慧为原型的。所以，蛇的象征把耶稣基督描述为潜意识在所有方面的拟人化，这样它就被悬挂在树上作为牺牲（像奥丁那样“被长矛刺伤”）。

449 从心理学上讲，必须把这种蛇的牺牲理解为对潜意识的一种克服，与此同时，也是对潜意识地悬挂在母亲身上的儿子的态度的克服。炼金术士们使用同样的象征来代表墨丘利的转换，[1]可以非常明确地认为，墨丘利就是如我所说的那种潜意识的拟人化。[2]我已在梦中几次遇到过这个主题，一次是一条被钉死在十字架上的蛇（有意识地参照《约翰福音》3:14），然后是一只挂在杆子上的黑色蜘蛛，这根杆子变成了十字架，最后是一个被钉死在十字架上的赤裸女人的身体。

---

1 参见Eleazar，*Uraltes chymisches Werck*，p.26对页的插图。这本书是对Flamel，“Rindenbuch”的一种伪造。［Cf. *Mysterium Coniunctionis*，p.410］

2 “The Spirit Mercurius，” pars.284ff.

18. 痛苦与化合的关系

450 在上述引自多恩的引文中，那个金三齿钩指的是耶稣基督，因为在中世纪的寓言中，圣父用来抓住海中怪兽的那把钩子就是十字架。当然，金三齿钩是对三位一体的暗指，而它是"金色的"这个事实则是对炼金术的暗指（*sous-entendu*），正如在多恩的这个奇怪的寓言中关于上帝转换的观念与炼金术的奥秘（*mysterium*）有密切联系一样。上帝扔出一把钩子，这个观念源自摩尼教：他把原始之人用作捕捉那个邪恶势力的一个诱饵。那个原始之人的名字叫普绪喀（Psyche），而在提多的论述中他是世界灵魂。[1]这个普绪喀与集体潜意识相对应，它本身具有统一的性质，是以统一的原始之人为代表的。

451 在爱任纽那里，这些观念与诺斯替教关于索菲亚—阿卡莫特的概念密切相关。他报告说：

> 高居上方的索菲亚的反思，受必要性所迫，痛苦地离开了佩雷诺玛，进入了黑暗和虚空的空间。与佩雷诺玛的光明相分离，她没有形式也没有形状，就像一个早产的孩子一样，因为她什么都不理解［即她是无意识的］。但是，

1 Bousset, *Hauptprobleme der Gnosis*, p.178.

高居上方的耶稣基督，在十字架上伸展开来，对她非常怜悯，并凭借他的力量给了她一种形式，但只是在物质方面，而并没有给她理智［即意识］。在做过这件事之后，他将其力量撤出，并且回［到了佩雷诺玛］，只留下了阿卡莫特给她自己，以便她在感觉到与佩雷诺玛分离所引起的痛苦之后，可以受到渴望更美好事物的影响，同时具有耶稣基督和圣灵在她身上留下的某种不朽的意味。[1]

452 根据这些诺斯替教的观点，作为一个诱饵被抛掷到黑暗之中的并不是原始之人，而是一个女性的智慧人物，索菲亚—阿卡莫特。男性的成分便以这种方式逃避了被邪恶势力吞噬的危险，并且在光明的精神领域中安全地保留下来，而索菲亚则部分地通过某种反思活动，部分地受必要性所驱动，从而与外部黑暗建立了联系。降临在她身上的痛苦采取了几种情绪形式——悲哀、恐惧、迷惑、混乱、渴求；她时而大笑，时而哭泣。整个被创造的世界就是从这些情感中产生的。

453 这个奇怪的创造神话显然是“心理学的”：它以宇宙投射的形式描述了女性阿尼玛与男性和精神倾向的意识的分离，这种意识力求精神对感觉世界最后的和绝对的胜利，就像在当时的异教哲学中那样，关于这一点，异教哲学并不亚于诺斯替教。

1 *Adversus haereses*, I, 4.

意识的这种发展和分化在阿普列乌斯的《变形记》中留下了文字的沉淀，尤其是在他那部《阿莫尔和普绪喀》的童话中，正如埃里克·诺伊曼在他关于这部作品的研究中所示。

454 索菲亚沉降到潜意识之中的这种情绪状态，她的无形，以及她在黑暗中迷失的可能性，都非常明显地表现了一个绝对把自己与其理性及其精神性相认同的男人的阿尼玛的特点。他有与其阿尼玛失去联系的危险，从而与潜意识的补偿能力完全失去联系。在诸如此类的情况下，潜意识通常以狂暴的情绪、易怒、缺乏控制、傲慢、自卑感、喜怒无常、抑郁症、勃然大怒等作为反应，同时伴随着缺乏自我批评，以及由此而导致的判断错误、过失和妄想。

455 在这种状态下，一个人很快就会失去与现实的联系。他的精神性变成了冷酷、傲慢和残暴。他的意识形态越是不适应，它就越要求得到承认，就越是决心（若有必要的话）通过强力而获得承认。这种状态是一种明确的痛苦，一种灵魂的痛苦，虽然最初由于缺乏内省，它并没有被如此感受到，而只是逐渐地作为一种模糊的不安感进入意识。最终这种感受迫使心灵认识到，有某种东西错了，人确实是在遭受痛苦。这就是身体和心理症状出现的时刻，它们再也不可能从意识中排除掉了。用神话的语言进行表述就是，耶稣基督（男性精神的原则）感受到索菲亚（即灵魂）遭受的痛苦，因此把形式和存在都给了她。但是，他让她自便，这就使她感受到她遭受的全部痛苦。

在心理学上这样做的意思是，男性的心灵只是满足于感知精神的痛苦，却没有使自己意识到其背后的原因，而只是使阿尼玛处在某种无知状态。这个过程是很典型的，今天不仅能在所有的男性神经症中观察到，而且在由于其片面性（通常是理智的片面性）和心理盲目性而与潜意识发生冲突的所谓正常人身上也可以观察到。

456 虽然在这种心理学（psychologem）之中，那个原始之人（耶稣基督）仍然是战胜黑暗的手段，但他也和一个女性的存在，索菲亚，共同分担他的角色，索菲亚和他共存于佩雷诺玛之中。另外，这个被钉死在十字架上的人不再作为上帝钓鱼钩上的鱼饵而出现，他"怜悯"那个无形的、女性的一半，向她展示自己在十字架上伸展开的身体。希腊文本在此处使用了一种强烈的表达方式：ἐπεκταθέντα，它特别强调这种伸展和延展。这种受折磨的意象在她面前保持着，这样她就可以认识到他所遭受的痛苦，而他也能认识到她的痛苦。但是在这种认识发生之前，耶稣基督的男性精神撤回到光明世界里。这个结局是很典型的：只要光明一瞥见黑暗，而且有可能和它结合在一起，在光明和黑暗中固有的内驱力就会不可抗拒地表现出来，而且绝不会从其位置上让步。一方不会使其光辉变暗，而另一方绝不会放弃使其感到满足的情绪。双方都没有注意到，他们遭受的痛苦是同一个，它是由成为有意识的过程所致，最初的结合就是据此而被分裂成不可调和的两半。若没有这种区别行动，就不可能有意识，若没有意识的消亡，作为结果的这种双重性就绝不可能重新结合起来。但是，原始的整体性仍然是一种渴望的东西，索菲亚要比诺斯替教的耶稣基督更加渴望它。在今天这种情况依旧，对理性主义的理智来说，区分和辨别要比通过对立物的统一而达到整体性具有更大的意义。这就是为什么产生整体性象征的是潜意识。[1]

457 这些象征通常是四位一体的，由两对相互交叉的对立物组成（例如，左/右，上/下）。这四个点给圆划定了边界，除了点本身之外，它是整体性最简单的象征，因此是最简单的上帝意象。[2]这种反思与把强调的重点放在我们文本中的那个十字架上有某种关联，因为十字架和树是进行结合的媒介。因此圣奥古斯丁把十字架比作新娘的婚床，在童话里主人公发现他的新娘在一棵大树的顶端，[3]萨满教人士也在那里发现他的天堂配偶，炼金术士也是那样。这种化合是生命的一个顶点，同时也是死亡，由于这个原因我们的文本才提到那种“不朽的意味”。一方面，阿尼玛是与彼岸世界和永恒意象联系的环节，而另一方面，她的情绪性却把人包含在阴间世界及其短暂性之中。

---

1 *Psychology and Alchemy*, pars.122ff., and “A Study in the Process of Individuation”.

2 “上帝是一个圆圈，其中心遍布到处，而其边缘却无论在哪里都找不到。”［Cf. *Mysterium Coniunctionis*, p.47］

3 ［Cf. “The Phenomenology of the Spirit in Fairytales,” pp.231ff.］

19. 作为人的树

458 和查拉图斯特拉的幻想、尼布甲尼撒的梦以及巴尔德撒尼斯(Bardesanes,公元154—222年)关于印度神祇的报告[1]一样,天堂的树是一个男人[2]这个古老的拉比观点例证了男人与哲学树的关系。根据古老的传说,男人来自树或植物。[3]可以说,树是男人的一种中间形式,因为一方面它源自那个原始之人,而另一方面它则成长为一个男人。[4]诚然,教父学关于耶稣基督是一棵树或葡萄树的概念[5]产生了非常大的影响。我们已经说

---

1 Stobaeus, I, 3, (ed. Wachsmuth, I, pp.67f.),提到一个洞穴中的木质雕塑,胳膊伸展开来(就像一个被钉死在十字架上的人),右边是男性,左边是女性。它会流汗和流血。

2 "'关于树上的果实'——在这里树就是指男人,可以把他和树进行比较。"(*Pirke de Rabbi Eliezer*, trans. Friendlander, p.150)"就像是一棵树,就像是树木之王,所以确实是男人。"(Coomaraswamy,"The Inverted Tree," p.138)

3 在伊朗的传说中,七种金属是从迦约马特那个原始之人的身体流进土里去的,从它们之中长出了*reivas*这种植物,而第一批人,即Mahrya和Mayryana,从这种植物中产生出来。(参见阿斯科和埃姆布拉,《埃达》中的第一批人。)Christensen, *Les Types de premier homme et du premier roi dans l'histoire legendaire des Iraniens*, p.35. 在吉尔伯特群岛,人和诸神都来自那棵原始的树。

4 Ibid., p.18, and Bundahish, 15, 1.雪松和鳄梨树在古代埃及关于巴塔的传说中发挥着同样的作用。Cf. Jacobsohn, *Die dogmatische Stellung des Königs in der Theologie der alten Aegypter*, p.13.普里查德在其《古代近东文集》(*Ancient Near Eastern Texts*)中校订了关于巴塔的童话故事,却遗漏了在宗教心理学方面非常有趣的这些转换过程,这是很令人遗憾的。

5 "结满果实的树", St. Gregory the Great, *Super Cant. Cant.*, II, 4(Migne, *P.L.*, vol.79, col.495)。Cf. supra, par.407. 葡萄树, John 15:1。佛陀,和耶稣基督一样(supra, par.419),被命名为天堂树(Ashvaghosha, *Buddha-Carita*: SBE, XLIX, p.157)。

过，在《潘多拉》中，树是以女人的形式为表征的，这与本文第一部分呈现的图画相一致，这些图画和炼金术的图画不同，大多数是女人画的。这就引起了一个问题，应该怎样解释这种女性的树守护神。我们对历史材料的研究结果表明，可以把树解释为原人或自性。这种解释在《阿尔伯蒂法典》[1]的象征中特别明显，而且得到了我们图画中所表达的幻想材料的证实。因此，把女性的树守护神解释为自性，这对女人是很有用的，但是对炼金术士和人文主义者来说，树的这种女性表征显然是阿尼玛形象的一种投射。[2]阿尼玛是男人的女性方面的化身，而不是自性的化身。相应地，图29和图30的病人则把树守护神描画为阿尼姆斯。在所有这些情况下，异性的象征把自性掩盖住了。如果男人的女性方面阿尼玛，或女人的男性方面阿尼姆斯，并没有得到足够的分化从而与意识相整合，则上述情况常常发生，所以自性只是潜在地作为直觉而存在，却没有得到实现。

459 由于树"在道德上和物质上"（tam ethice quam physice）象征着炼金过程和转换过程，所以它也表示一般的生命过程。把它与墨丘利，即植物精灵相认同，证实了这种看法。既然炼金过程是一种生命、死亡与再生的奥秘，那么树也就获得了这种意义，而且此外也具有了智慧的性质，正如我们从爱任纽关于

1 Supra，section 12.

2 参见Aldrovandus（1522—1605）及其对"Enigma of Bologna"（*Dendrologia*，I，p.211）的解释，*Mysterium Coniunctionis*，pp.68ff。

巴贝利奥的看法中所见到的："树是从人[＝原人]和灵知中诞生出来的，他们把它也称为灵知。"[1]在查斯丁的灵知中，被称为"生命之木"的天使巴鲁[2]是启示的天使，就像亚历山大的传奇中那棵太阳和月亮之树可以预测未来一样。[3]但是，通过宇宙联想把树看作世界之树和世界之轴，在炼金术士以及现代人的幻想中都居次要地位，因为他们关心得更多的是自性化过程，该过程不再被投射到宇宙之中。在一个罕见的情况下可以发现这条规则的一个例外，这是内尔肯[4]报告的关于一个精神分裂症患者的案例，在其宇宙系统中，有一棵生命之树从胸部生长出来。它结出红色和白色的果实，或者星球，它们就是世界。红色和白色是炼金术的颜色，红色表示太阳，而白色表示月亮。在树梢上栖息着一只鸽子和一只鹰，这使人想起了在《阿尔伯蒂法典》中那棵太阳和月亮之树上的鹳。在这种情况下想要找出炼金术中与此类似的事物是完全不可能的。

460 从我们已收集之材料的证据，我们可以发现，现代人潜意识的自发产物描述了树的原型，而且相当明显地指向历史上与此相类似的事物。根据我的判断，我的病人能够有意识地加以利用的唯一的历史模型就是《圣经》的天堂树和一两个童话

1 *Adversus haereses*, I, 29, 3. 西门·马古斯的火树是一个类似的概念（Hippolytus, *Elenchos*, VI, 9, 8）。

2 Ibid., V, 26, 6.

3 See supra, par.403.

4 "Analytische Beobachtungen über Phantasien eines Schizophrenen," p.541.

故事。但是没有一个案例中的病人自发地承认,他有意识地想到《圣经》故事。在每一种情况下树的意象都是自发地表现出来的,当女性与树有关联时,没有一位病人把它与知识树上的蛇联系起来。这些图画表现出与古代关于树仙女的观念有更多的密切关系,而与《圣经》的原型联系较少。在犹太教的传统中,蛇也被解释为莉莉丝。有一种强烈偏见支持下述假设:某些表达方式之所以存在,只是因为在各自不同的文化领域中可以发现支撑它们的模式。如果是这样,在当前这个案例中,所有诸如此类的表达方式就都得以天堂树为榜样。但是,我们已经发现,情况并非如此:早已被废弃的树仙女的概念比天堂树或圣诞树更占支配地位;实际上,有些表达方式甚至暗指同样被废弃的宇宙树,甚至暗指颠倒的树,虽然后者通过神秘教义融入了炼金术,但在我们的文化中已无它的位置。但是,我们的材料与那些普遍流传的、原始的萨满教的树概念和天堂新娘的概念相一致,[1]天堂新娘是一种典型的阿尼玛投射。她是萨满教祖先的日常保护神(*ayami*)。她的脸半黑半红。有时候她以长翅膀的老虎的形式出现。[2]施皮特勒也把“灵魂女士”(Lady Soul)比作一只老虎。[3]树代表萨满教之天堂新娘的

---

1 Eliade, *Shamanism*, pp.73f., 142, 344, 346.

2 Ibid., p.72.

3 *Prometheus and Epimetheus* (trans. Muirhead), p.38. (Cf. *Psychological Types*, trans. Baynes, p.212) 在中国,虎是阴的象征。

生命，[1]而且具有母亲的意义。[2]在雅库特人当中，一棵有八个树枝的树是第一个男人的诞生之地。一个女人给他喂奶，这个女人身体的上部是从树干里长出来的。[3]这个主题在我的例子里（图22）也曾出现过。

461 除了和女性存在联系之外，树还与蛇、龙以及其他动物有联系，例如乾坤树、[4]波斯人在瓦卢卡莎湖中的生活（Gaokerena）树或者金苹果园的树，就更不用提印度的圣树了，在这些树的阴影中经常可以看到许多那加（=蛇）石头。[5]

462 颠倒的树在东方西伯利亚的萨满教僧众当中发挥着很大的作用。卡加罗夫发表了一张与这样一种树有关的照片，名叫那卡萨，引自列宁格勒博物馆中的一个标本。树根表示头发，在靠近树根的树干上，刻着一张脸，表示这棵树代表一个人。[6]这很可能就是那个萨满教僧人本人，或者是他的更大的人格。萨满教僧人爬到这棵魔树上，目的是想要在更高的世界中发现其真正的自性。埃利亚德在其关于萨满教的出色研究中说："爱斯基摩的萨满教僧人感受到有必要进行这些心醉神迷的旅

---

1 Eliade, p.75.

2 Pp.117—118.

3 P.272.

4 松鼠，牡鹿。乾坤树（Yggdrasil）的意思是"奥丁的马"（Ninck, *Götter und Jenseitsglauben der Germanen*, p.191）。至于乾坤树的女性意义，请参见*Symbols and Transformation*, p.296。

5 例如，在塞林伽巴丹城堡的大门前。Cf. Fergusson, *Tree and Serpent Worship*.

6 Kagarow, "Der umgekehrte Schamanenbaum," p.183.

行，因为在恍惚状态中他才真正成为他自己，这是最重要的：对他来说，作为其真实人格的组成成分，这种神秘体验是很有必要的。”[1]这种心醉神迷经常伴随着一种状态，在这种状态下萨满教僧人会被他的妖精或守护神“迷住”（或占有）。借助于这种占有，他便获得了其“‘神秘器官’，这些器官或多或少地构成了其真正和完全的精神人格”。[2]这证实了那种可能引自萨满教象征作用的心理学推论，即它是自性化过程的一种投射。我们已经发现，这种推论对炼金术也是对的，而且在当代关于树的幻想中，图画的作者们显然是想描画一种内在的、不依赖于其意识和意志的发展过程。这个过程通常由两对对立物的结合构成，低处的（水、黑暗、动物、蛇等）和高处的（鸟、光明、头等），以及左侧的（女性）和右侧的（男性）。在炼金术中发挥着如此重大而且确实具有决定性作用的对立物的结合，在与潜意识发生对抗而引起的心理过程中也同样具有重要意义，所以出现一些类似甚至相同的象征，这并不奇怪。

20. 潜意识的解释与整合

463 人们在很多方面都无法理解（我很遗憾地说，就连我的医

1 *Shamanism*, p.293.

2 Ibid., p.328.

学同事也不理解)：首先，像我所描述的这一系列幻想究竟是怎样存在的；其次，我为什么要如此关注对他们都不知道的某种象征作用进行比较研究。这恐怕是因为，所有各种不正确的偏见仍然阻碍着人们的理解，尤其是人们武断地认为，神经症和梦不是由别的东西组成的，而是由被压抑的婴儿期记忆和愿望组成的，而心理内容要么是纯粹个人的，要么，即便不是个人的，也是从集体意识中派生出来的。

464　和躯体障碍一样，心理障碍也是高度复杂的现象，不可能用纯粹的病原学理论来进行解释。除了个体倾向性的原因和未知的X之外，我们还必须考虑生物学中目的论的适合度方面，在心理领域中这是必须作为**意义**来进行系统阐述的。在心理障碍中，只是把假设或真实的原因带到意识中来，这在所有的情况下都是绝对不够充分的。治疗包括把那些与意识相分离的内容整合起来——这种分离并非必然是压抑的结果，压抑常常只是一种次要现象。确实如此，通常情况下，在青春期之后的发展过程中，意识要面对由于各种原因而不愿意或不能同化的情感倾向、冲动和幻想。此时它以各种形式的压抑做出反应，旨在驱除那些讨厌的闯入者。通常，意识态度越消极，它越是抵抗、贬低和害怕，那个被分离出来的内容设想的面孔就越是令人厌恶、带有攻击性和令人害怕。

465　与分裂的心理成分进行的每一种形式的沟通在治疗上都是有效的。这种效果也由真实地或只是假设地发现了原因而引起。甚至当这种发现无非就是一种假设或幻想时，它至少也具有通过暗示进行治疗的效果，如果分析师本人相信它或者严肃地尝试想要理解它的话。另一方面，如果他怀疑其病原学理论，他成功的机会就会立即下降，这时他就觉得必须至少要寻找真实的原因，以使理智的病人和他自己感到信服。如果他倾向于批判性，那么这项任务就会变成一种沉重的负担，通常他将无法成功地克服其怀疑。这样治疗的成功就会处在危险之中。这种两难困境可以解释弗洛伊德正统观念的那种狂热的教条主义。

466 我想要借助于最近我遇到的一个案例来说明这个问题。有一位我并不认识的X先生写信给我说，他曾读过我的《答约伯》，并且很感兴趣，这本书使他处于一种情绪非常激动的状态。他把这本书推荐给他的朋友Y来阅读，Y因此做了下面这个梦：**他又回到了集中营，看见一只凶猛无比的鹰在天空盘旋，寻找着猎物。情况变得危险而可怕，Y想知道怎样来保护他自己。他想他也许可以乘坐在一个火箭推进器中飞上去，把那只鹰打下来**。X把Y描述为一位理性主义的知识分子，Y曾在一个集中营里待过很长时间。X和Y都提到，这个梦是由前一天读了我的书所释放出来的情感所致。Y曾去找过X，想听一听他对这个梦的看法。X认为，那只窥视Y的鹰指的就是他自己；而Y则反驳说他不相信，他认为那只鹰指的是我，即书的作者。

467 现在X想要听一听我的意见。一般地说,想要解释一个并不认识的人的梦,而且是在缺乏补充性材料的情况下进行解释,这是一件很棘手的事情。因此我们必须满足于根据已有的材料先提几个问题。例如,为什么X认为,他知道那只鹰指的是他自己呢?从我在信中收集到的材料来看,似乎X已经给他的朋友透露了一定数量的心理学知识,因此觉得他自己可以扮演良师益友的角色,可以从上面来看穿他的朋友的把戏。不管怎么说,他并未将下述想法当真:让Y受到他这位心理学家的监视,这是很不合意的。这样X就处于心理治疗师的位置上,他可以借助于性理论而提前知道潜藏在神经症和梦背后的究竟是什么,从那个可以敏锐洞察的高耸的瞭望台里,他让病人感到自己正在被看穿。在他的病人的梦中,他必然期待自己以神秘"稽查员"(censor)发明的任何可能的伪装面目出现。因此,不难推测,他就是那只鹰。

468 Y则持不同观点。他似乎并没有意识到他正在被X监视或看穿,但相当合理的是,他回到了导致他做梦的那个明显根源,即我的那本书,这本书显然给他留下了某种印象。由于这个原因,他把我称为那只鹰。我们可以由此得出结论认为,他觉得他受到了某种程度的干涉,仿佛有人把他找了出来,或者用手揭他的旧疮疤,对这种方式他可是一点都不喜欢。他没有必要意识到这种感受,否则这种感受也不会在一个梦中表现出来。

469 在这里，解释会和解释发生冲突，一种解释可能像另一种解释一样随意专断。这个梦无论在哪个方面都没有提供任何迹象。人们或许会斗胆提出这种看法：Y很害怕他的朋友那种高高在上的洞察，因此把他以鹰的外表伪装起来，以便认不出他来。但是，是Y自己做了自己的梦吗？弗洛伊德假设了一个稽查员的存在，这个稽查员要为这些变形负责。与这种观点相反，我受经验强化的看法是，一个梦，只要它想这样做，就完全可以指出那些最痛苦和最不赞同的事情，而丝毫也不考虑梦者的感受。如果这个梦实际上并没有这样做，那就没有足够的理由假设，它的意思是除了梦中所言之外的任何其他事情。因此我认为，当我们的梦说"鹰"的时候，它的意思就是指一只鹰。所以我坚持梦的这个根本方面，它使梦在我们的理性看起来是很荒谬的。如果这只鹰是指X先生，那就简单得多和合理得多了。

470 因此，在我看来，解释梦的任务就是要找出来，除了我们的幻想之外，那只鹰还可能意味着什么。所以我会忠告梦者去调查一下，以鹰的身份出现的那只鹰究竟是什么，它可能具有什么样的普遍意义。要解决这项任务直接导向象征史的研究，而且在这里我们发现了我要关注这些显然与医生的咨询室相隔甚远的研究的具体原因。

471 一旦梦者确定了那只鹰的普遍意义（对他来说这些意义既新颖又陌生，因为他将从文献和普通言语中熟悉其中的很多内容），他必须研究一下，前一天的那种体验，即阅读我的书，和那只鹰的象征究竟有什么关系。问题是：究竟是什么对他产生了如此大的影响，以致引起了那个有可能伤害或夺走一个成年人的巨鹰的童话主题？一只显然硕大无比的（即虚构的）鸟，在高高的天空中盘旋，用可以洞视一切的眼睛鸟瞰大地，这种意象确实可以使人想起我书中的内容，它关注的是人的上帝这个观念的命运。

472 在梦中Y又回到了集中营，这是在一只"鹰眼"的监督下进行的。这显然指的是梦者感到害怕的某种情境，这使他的能量防御措施看上去似乎很合理。为了把那只虚构的鸟打下来，他想要使用最先进的技术发明——一个火箭推进器。这是理性主义理智最伟大的胜利之一，而且与那只虚构的鸟完全相反，凭借它的帮助就可以避免那只鸟的威胁性的存在。但是对于这种人格而言，什么样的危险潜藏在我的书中呢？当我们知道Y是个犹太人的时候，对这个问题的回答也就不困难了。不管怎么说，一扇通往问题的大门敞开了，这些问题指向与个人愤恨毫无关联的方面。相反，这是一个与那些调节我们的生活态度和世界态度的原则、首要或支配性观念有关的问题，与那些经验表明是不可或缺的心理现象的信念和信仰有关的问题。确实，它们是如此不可或缺，以至于当旧的思想体系坍塌时，新的思想体系立刻就会取而代之。

473 和所有的疾病一样，神经症也是适应不良的症状。由于某些障碍(体质的弱点或毛病、错误的教育、不好的经历、某种不合适的态度等),人因畏惧生活带来的困难而退缩,结果发现自己退回到了婴儿世界。潜意识通过产生象征来补偿这种退行,当人们从客观上加以理解时,即借助于比较研究时,就会发现这些象征重新激活了潜藏在所有这些自然的思想体系背后的普遍观念。某种态度的改变就会以这种方式产生,从而消除现实的人和理想的人之间的分离。

474 诸如此类的事情正在我们的梦中发生:Y完全可能正在遭受某种分离之苦,这是在高度理性主义的、理智化的意识和被焦虑地压抑下去的同样高度非理性的背景之间的分离。这种焦虑在梦中出现,应当作为与人格有关的真实事实而得到承认,因为,只是因为一个人无法为焦虑找到原因,就认为一个人没有焦虑,这种看法是没有意义的。不过,通常人们都是这样做的。如果焦虑能够被接受,也就会有机会发现和理解产生焦虑的原因。这个原因通过梦中的那只鹰而得到了生动的描绘。

475 假定那只鹰是一个古代的上帝意象,一个人无法逃避其力量的控制,那么无论他是否信仰上帝,这实际上并没有什么差异。他的心理就是这样组成的,能够产生这种现象,这个事实对他来说应该足够了,因为他不可能摆脱他的心理,就像他不可能摆脱他的身体一样,两者也不可能相互交换。他是他自己身心体格的一个囚犯,无论他是否愿意,他都要面对这个事实。当然,人可以无视身体的要求而生活,并且损害其健康,在精神方面也可以发生同样的事情。任何一个想要生活下去的人都将克制自己不使用这些花招,而且将始终仔细地追究身体和精神的需要。一旦人达到了某种意识和智力水平,就再也不可能过单方面的生活了,仍然以某种自然的方式在原始人当中发挥作用的全部身心本能就必须被有意识地考虑在内。

476 身体需要食物,不是任何一种食物,而只是适合于它的食物,同样,精神需要知道其存在的意义——不是任何意义,而是反映其本性并且源自潜意识的那些意象和观念的意义。可以说,潜意识提供了原型的形式,这种形式本身是空洞的和无法表述的。意识立即就用相关的或类似的具象材料把它填满,以便它能够被感知到。由于这个原因,原型的观念是以时空和个体为条件的。

477 潜意识的整合只是在极少数情况下才会自发产生。一般地说,为了理解潜意识自发产生的内容,就需要付出特别的努力。已经存在某些被认为是有效的或仍然是很灵验的普遍观念,它们表现得就像是理解的向导,新获得的经验要靠现存的思想体系来表达或者服从现存的思想体系。这方面的一个很好的实例是瑞士的圣人尼克劳斯·冯·德·弗吕的生活,他凭借长时间的沉思,并借助于一位德国神秘主义者撰写的小书,逐渐将其可怕的上帝幻想转变成一种三位一体的意象。或者再说一遍,传统的体系可以用一种新的方式理解为新经验的结果。

478 不言而喻，所有个人情感和愤恨都参与了梦的制作，因而可以从其意象中读出来。分析师，尤其是在治疗刚开始的时候，将不得不接受这一点，因为对病人来说，他的梦来自其个人的心理，这似乎是合理的。如果把他的梦的那些集体方面给他指出来，他就会变得手足无措。我们知道，弗洛伊德本人曾试图把神话主题简化成个人心理学，而无视他自己的洞察发现，即梦包含着古代的遗迹。这些并不是个人获得的东西，而是更早期的集体心理的遗迹。但是，仿佛是为了证实心理规则的可逆性，没有多少病人不仅理解其梦象征的普遍意义，而且发现它具有治疗效果。那些伟大的心理治疗体系，那些宗教，同样是由普遍的神话主题组成的，其根源和内容是集体的，而不是个人的；因此莱维—布吕尔正确地把这些主题称为集体表征。意识心灵当然具有个人的性质，但这根本就不是心理的整体。意识的基础，即心理本身，是潜意识的，而且其结构也和身体的结构一样，是众所共有的，其个体特征只是不太重要的差异。由于同样的原因，要想让没有经验的眼睛在一大堆各种肤色的人中识别出某个人的面孔来，这是很困难的或者几乎是不可能的。

479 和关于那只鹰的梦一样，当出现的象征中没有任何东西指向某一特殊的人时，就没有理由假设，这样一个人被伪装了。相反，更有可能的是，这个梦的意思就是它说出来的东西。所以，当一个梦显然把某个东西伪装起来，而且似乎提到了某个人的时候，就有一种明显的倾向在发挥作用，即不允许这个人出现，因为，在这个梦的意义上说，他代表一种错误的行为方式或思维方式。例如，在女人的梦中，分析师常被表征为理发师（因为他“整理”头部），这时对分析师的伪装并不是那么贬低性的。在病人的意识生活中，她已经做好准备要承认任何一种权威，因为她无法或不愿意使用她自己的头部。（这个梦说）分析师和理发师一样，理发师对她的头进行整理，这样她就能自己使用它了。

480 如果我们不把梦象征简化成分析师认为已经事先知道的环境、事情或人物，而是把它们视为指向某种未知事物的真实象征，那么分析治疗的全部特征就要发生改变。这时潜意识不再被简化为已知的意识因素（这个做法并**没有**附带地消除意识与潜意识之间的分离），而是实际上被视为潜意识的；象征也没有被缩减，而是借助于梦者提供的背景或者通过与类似的基本神话主题的比较而得到放大，这样我们就能发现潜意识想要表达的意思。因此，潜意识就能够得到整合，分离就被克服了。另一方面，简化的做法会偏离潜意识，而且只是强化了意识心灵的片面性。弗洛伊德的那些比较严谨的学生并没有在这位大师的引领下更深入地探讨潜意识，而是满足于简化分析。

481 我已经说过，与潜意识产生对抗通常是在个体潜意识的领域内开始的，也就是在个人获得内容的领域内开始的，这些内容构成了阴影，并且由此而导向代表集体潜意识的原型象征。

对抗的目的是要消除分离。为了达到这个目标，本性自身或医学干预都会促使对立物的冲突发生，若没有这些冲突，就不可能有结合。这不仅意味着要把冲突带入意识中来，它还包含着某种特殊的体验，即对一个在自身中的、不相容的“他者”的承认，或对另一种意志的客观存在的承认。炼金术士们非常精准地把这种几乎不可理解的东西称为墨丘利，他们把神话学和自然哲学所曾做过的关于他的所有说明都包含在这个概念之中：他就是上帝、魔鬼、人、事物和人心中最深处的秘密；既是心理的，也是躯体的。他本人就是所有对立物之源，因为他是双重的而且“两方面都行”（*utriusque capax*）。这个难以解释的实体在每一个细节上都是对潜意识的象征，对象征的正确评价可以导致直接面对这个实体。

482 作为一种非理性体验，这种面对是一个实现的过程。相应地，炼金过程由两部分组成：实验室里的工作，连同其所有的情绪和魔鬼般的危害；以及科学（*scientia*）或理论（*theoria*），即炼金过程的指导原则，其结果可以据此得到解释并被赋予恰当地位。我们今天理解为心理发展的全部过程被定名为“哲学树”，这是一种“诗意”的比较，它在心理的自然成长和植物的自然成长之间进行了恰当的类比。由于这个原因，我想稍微详细地讨论一下构成炼金术和现代潜意识心理学之基础的这个过程。我已经认识到，而且希望我已经使读者明白了，只有理智的理解是不够的。它只给我们提供了言语概念，但并没有给我们提供其真实内容，这只有在我们自己应用这个过程的生活体验中才能找到。在这一方面我们最好不抱任何幻想：只用言语是无法理解的，任何模仿都不可能取代实际的经验。当某些炼金术士为了祈祷室而放弃了实验室，从而用一种更模糊的神秘主义把他们自己都搞糊涂了的时候，炼金术便丧失了其至关重要的物质，而另一些人则把祈祷室变成了实验室，并且发现了化学。我们为前者感到遗憾，而对后者则表示赞赏，但没有人询问心理的命运，此后这个心理就从人们的视线中消失达数百年之久。

译名对照表

Achamoth　阿卡莫特
Adamas　亚当
Ādityas　阿底亚斯
Agni　阿耆尼
agnoia　无知
Albertus　阿尔伯图斯
alchemy　炼金术
"Allegoriae sapientum"　《智慧寓言》
Alphidius　阿尔费迪乌斯
Amset　艾谢特神
anāhata-chakra　心轮
Andalusia　安达卢西亚
Andalusian prince　安达卢西亚王子
anima　阿尼玛
anima mundi　世界灵魂
animus　阿尼姆斯
Answer to Job　《答约伯》
Anthropos　原人
Apuleius　阿普列乌斯
aqua permanens　永恒之水
aquae fortes　水银的泉水
arbor inversa　颠倒的树
Arisleus　阿里斯勒斯
Aristotle　亚里士多德
ars aurifera　炼金技艺
Atharva-Veda　《阿闼婆吠陀》
Aurora consurgens　《曙光乍现》
auto-erotic isolation　自体性欲隔离
Autogenes　自体

Barbeliots　巴贝利奥
Bardo　中阴状态
Benedictus Figulus　本尼迪克特·费古勒斯
Bhagavadgītā　《福者之歌》
"Book of Ostanes"　《奥斯坦尼斯书》
Budge　巴奇

Cabala　神秘教义
carboniferous era　石炭二叠纪

Carmel　迦密山
Cassiodorus　卡西奥多罗斯
chakras　脉轮
chên-yên　真人
Chymical Wedding　《化学婚礼》
coniunctio tetraptiva　四位一体的化合
coniunctio triptativa　三位一体的化合
“Consilium coniugii”《智慧的结合》

“De arbore contemplationis”　《沉思默想之树》
Democritus　德谟克利特
Deuteronomy　《申命记》
Diana　月亮女神戴安娜
“Die Geheimnisse”　《论神秘》
Djābir ibn Hayyān　贾比尔·伊本·哈杨
draco viridis　绿色巨龙
duplex　两性人

Egyptian Book of the Dead　《埃及亡者书》
Emblemata cum commentariis　《浮雕装饰解说》
Eros　厄洛斯
essence　元精
euhemeristic allegories　历史的寓言
Ezekiel　《以西结书》

façon de parler　语言方式
Ficus religiosa　圣无花果树
filius macrocosmi　宏观世界之子

garden of Gethsemane　客西马尼花园
Gerard Dorn　杰拉德·多恩
Gilgamesh epic　《吉尔伽美什史诗》
“Gloria mundi”　《世界荣光》
Gnosis　灵知
Gnostic speculation　诺斯替教的沉思
golden flower　太乙金华
golden tree　金树
Gospel of St. John　《圣约翰福音书》
Gudākesha　古达克刹

Hapi　犬首
Hermes Trismegistus　赫尔墨斯·特利斯墨吉斯忒斯
Hesperides　金苹果园
Hippolytus　希波吕托斯
Holmberg　霍尔姆伯格
Holy Trinity　神圣三位一体
homo maximus　至人
homo totus　整体的人
Horapollo　《象形文字集》
Horus　何露斯
Hypnerotomachia Poliphili　《寻爱绮梦》

individuation　自性化
Irenaeus　爱任纽

Janus　坚纳斯
Jodocus Greverus　约多库斯·格

雷韦鲁斯
Judaeo-Christian　犹太—基督教
Jupiter　朱庇特

Kagarow　卡加罗夫
Khunrath　坤拉斯
King Sol　太阳之王
Knorr von Rosenroth　克诺尔·冯·罗森罗斯
Krishna　克利须那

"Lady Soul"　"灵魂女士"
lapis philosophorum　哲人石
Laurentius Ventura　劳伦修斯·文图拉
Leiden　莱登
leitmotiv　中心思想
Leviathan　海中怪兽

Makara　马卡拉
mandala　曼荼罗
manipūra-chakra　脐轮
manna　吗哪
Manu　摩奴
Maria Prophetissa　女先知玛利亚
Marjoram　牛膝草
Mars　玛耳斯
Mary　圣母玛利亚
massa confusa　混沌
Maya　摩耶
Meister Eckhart　迈斯特·埃克哈特
Mercurius　墨丘利
Mercurius non vulgi　非世俗的墨丘利
Mercurius Senex　老墨丘利
Mestha　人首
Metamorphoses　《变形记》
Michael Maier　迈克尔·梅耶
Musaeum hermeticum　《赫尔墨斯文集博览》
Mylius　米利乌斯
myrtle　长春花

Nakassä　那卡萨
Nebuchadnezzar　尼布甲尼撒
Niklaus von der Flüe　尼克劳斯·冯·德·弗吕
Noël Pierre　诺埃尔·皮埃尔
Nous　努斯
numen　努曼

ogdoad　八位一体
Olympiodorus　奥林匹奥德鲁斯
Ophites　拜蛇教
opus contra naturam　违背自然的过程
Osiris　奥西里斯
Ostanes　奥斯坦尼斯

Pandora　《潘多拉》
Parjanya　巴尔加鲁耶
participation mystique　神秘参与
Paulinus of Nola　诺拉主教圣保林
per crucem ad rosam　十字玫瑰
per nos ipsos　通过我们自己
Petrus Bonus　佩特鲁斯·博努斯

philosophical gold　哲学之金子
Pleroma　佩雷诺玛
pleromatic　元神世界
Poliphilo　普力菲罗
"Pretiosa margarita novella"　《无价之宝》
Primordial Man　原始之人
psyche　心灵
Psychology and Alchemy　《心理学与炼金术》
Psychology of Transference　《移情心理学》
purissimus homo　纯粹的人

Qebhsennuf　鹰首
quadratus　方肌

Rabbi　拉比
représentations collectives　集体表征
Reusner　罗伊斯纳
Rhazes　拉西斯
"Rosarium"　《哲学玫瑰园》
Rumpelstiltskin　侏儒怪
Ruska　鲁斯卡

salvator microcosmi　微观宇宙拯救者
Sapientia　智慧
Sapphirine flower　宝石花（即哲人石）
Saturn　萨杜恩
"Scriptum Alberti"　《阿尔伯蒂法典》
Scrowle　《卷轴》
Sefira Binah　智慧大能
self-sacrifice　自性的牺牲
Sermo　《布道》
Seth　塞特
shamanism　萨满教
Shatapatha-Brāhmana　《百道梵书》
Shu　舒神
"Soleil Noir"　《黑色炎阳》
Sophia　索菲亚
Sophia-Achamoth　索菲亚—阿卡莫特
"Speculativa philosophia"　《思辨哲学》
spiritus vegetativus　植物精灵
stella maris　北斗七星
Surya　苏利亚
svādhisthāna-chakra　生殖轮
symbolice　象征
synoptic gospel　对观福音书

Tantric yoga　密宗瑜伽
tao　道
tetramorph　四联像
tetrasomia　四体生物
Theosebeia　敬神
theosophy　神智学
tincture　气味
Titus　提多
tota vel totum　整体
"Tractatus ad Alexandrum Magnum"　《论亚历山大大帝》
Tuamutef　豺首

ultra-civilized man　超文明人
universals　一般概念

Varuna　瓦鲁纳
Veda　吠陀
Venus　维纳斯
verba divinitatis　神圣的词
veritas　真理
Vishnu　毗湿奴

world-axis　世界轴
world-tree　世界之树

Yajur-Veda　《耶柔吠陀》
Yakuts　雅库特人

Zarathustra　查拉图斯特拉
Zosimos　佐西莫斯